ULRICH SCHLIEWEN

FASZINIERENDES
AQUARIUM
SO FÜHLEN SICH DIE FISCHE WOHL

Quickstart

Die wichtigsten Infos vorab

1

Typisch Aquarienfische

Wie Fische leben

2

Technik, Einrichtung, Deko

So funktioniert das Aquarium

3

Pflege, Ernährung, Gesundheit

Damit es allen Bewohnern gut geht

4

Fische vermehren und aufziehen

Gesunder Nachwuchs im Aquarium

5

Fische und andere Bewohner

Verschiedene Arten kennenlernen

6

Buntes Gesellschaftsleben

Wer zu wem passt

Zum Nachschlagen

DIE GU-QUALITÄTS-GARANTIE

Wir möchten Ihnen mit den Informationen und Anregungen in diesem Buch das Leben erleichtern und Sie inspirieren, Neues auszuprobieren. Bei jedem unserer Produkte achten wir auf Aktualität und stellen höchste Ansprüche an Inhalt, Optik und Ausstattung. Alle Informationen werden von unseren Autoren und unserer Fachredaktion sorgfältig ausgewählt und mehrfach geprüft. Deshalb bieten wir Ihnen eine 100 %ige Qualitätsgarantie.

Darauf können Sie sich verlassen:
Wir legen Wert auf artgerechte Tierhaltung und stellen das Wohl des Tieres an erste Stelle. Wir garantieren, dass:
• alle Anleitungen und Tipps von Experten in der Praxis geprüft und
• durch klar verständliche Texte und Illustrationen einfach umsetzbar sind.

Wir möchten für Sie immer besser werden:
Sollten wir mit diesem Buch Ihre Erwartungen nicht erfüllen, lassen Sie es uns bitte wissen! Wir tauschen Ihr Buch jederzeit gegen ein gleichwertiges zum gleichen oder ähnlichen Thema um. Nehmen Sie einfach Kontakt zu unserem Leserservice auf. Die Kontaktdaten unseres Leserservice finden Sie am Ende dieses Buches.

GRÄFE UND UNZER VERLAG
Der erste Ratgeberverlag – seit 1722.

QUICKSTART
INS AQUARIEN-
HOBBY

Was sind die wichtigsten Aspekte für die erfolgreiche Pflege eines Aquariums? Welche Kosten fallen für Anschaffung und Betreiben an? Was ist beim Einrichten und der Auswahl der Aquarienbewohner zu beachten? Auf den folgenden Seiten erhalten Sie einen schnellen Überblick.

Aquarieninfos im Überblick

5 Dinge, die ein Aquarium bietet

1. Naturerlebnis auf kleinem Raum
2. Entspannung
3. Spannende Verhaltensbeobachtungen
4. Kennenlernen interessanter Tiere und Pflanzen
5. Freude an Pflege- und Zuchterfolgen

Woher Sie die Aquarienbewohner bekommen

Gesunde Aquarientiere und -pflanzen kaufen Sie am besten dort, wo kompetente Beratung geboten wird. Zu empfehlen sind Zoofachgeschäfte oder -abteilungen, die Zoo-Fachverkäufer mit Aquaristikkenntnissen beschäftigen, oder wenden Sie sich an Liebhabervereine.

Bewusst einkaufen

Fische, Krebstiere und Pflanzen sind Lebewesen, auf deren Bedürfnisse auch der Handel achten muss. Verantwortungsvolle Händler erkennen Sie daran, dass die Tiere gesund sind und keine toten Tiere in den Becken liegen. Letzteres deutet auf schlechte Haltungsbedingungen oder eine zweifelhafte Herkunft hin. Gute Läden bieten keine Billigangebote lebender Tiere an, und sowohl Nachzuchten als auch Wildfänge sind eindeutig als solche deklariert.

Eltern-TIPP

Interesse wecken und vertiefen
Kinder interessieren sich von Natur aus für Tiere. Nutzen Sie das Internet gezielt, um sich zusammen mit Ihren Kindern etwa über die tropischen Lebensräume oder besondere Verhaltensweisen Ihrer Aquarienbewohner anschaulich zu informieren. Geben Sie doch einfach einmal »Neon« und »Biotop« bei YouTube ein ...

Jede **Fischart**
hat ihre eigenen
Bedürfnisse!

Dos

1. Achten Sie auf den regelmäßigen Teilwasserwechsel, denn er ist neben der Fütterung die wichtigste Pflegemaßnahme.
2. Informieren Sie sich über die optimalen Pflegebedingungen jeder einzelnen Tier- und Pflanzenart.
3. Nehmen Sie sich jeden Tag Zeit, um zu überprüfen, ob die Technik einwandfrei funktioniert und alle Tiere gesund sind.
4. Füttern Sie abwechslungsreich und achten Sie darauf, dass alle Bewohner ihren Anteil bekommen und satt werden.
5. Nach dem Einrichten braucht es bis zu vier Wochen Zeit, bis sich alles gut im Aquarium eingespielt hat.

Don'ts

1. Kaufen Sie erst dann Aquarientiere, wenn Sie das Becken schon eingerichtet haben und es einige Zeit in Betrieb ist.
2. Füttern Sie lieber etwas zu wenig als zu viel. Achten Sie darauf, dass kein Futter im Becken übrig bleibt.
3. Vermeiden Sie soweit wie möglich den Einsatz chemischer Mittel zur Bekämpfung von Algen und Krankheiten, denn diese Mittel stören immer das Gleichgewicht im Aquarium.
4. Kaufen Sie nie Tiere aus Händlerbecken, in denen Sie kranke Fische – etwa mit weißen Pünktchen behaftet – beobachtet haben.
5. Vermeiden Sie Überbesatz.

Diese Platy-Zuchtformen sind wohlgenährt und zeigen keine Krankheitsanzeichen.

Gesundheits-Check

1. Sind die Tiere ihrer Lebensweise entsprechend aktiv?
2. Fressen sie, wirken sie gut genährt und zeigen sie gesunde Fluchtreaktionen, zum Beispiel vor dem Käscher?
3. Diese Verhaltensweisen können auf Unwohlsein hindeuten: Scheuern an Gegenständen, schaukelnde Bewegungen, dauernd angelegte, »klemmende« Flossen, heftige Atmung.
4. Diese Merkmale deuten auf Krankheiten hin: weiße Pünktchen, abstehende Schuppen, zerfranste Flossen, Kotfäden, die der Fisch mit sich umherzieht.

Richtige Vergesellschaftung

Nicht alle Aquarientiere können gemeinsam in einem Aquarium gepflegt werden, entweder weil ihre Bedürfnisse an Wasser und Futter nicht zusammenpassen oder weil die eine Art die andere dominiert. In den Besatzvorschlägen finden Sie funktionierende Vergesellschaftungsmöglichkeiten (im Foto: Neons und Schmetterlingsbuntbarsch). Als Faustregel gilt: Pro Aquarienbereich (Boden, Freiwasser, Oberfläche) ein bis zwei Fischarten pflegen, sehr kleine nicht mit sehr großen Arten zusammen halten und ruhige nicht mit hektischen Arten vergesellschaften. ▶ **Seite 118–135**

Schnecken im Aquarium

Schnecken wie das Teufelshörnchen sollten in keinem Aquarium fehlen, denn sie sind in der Regel nützlich und zeigen ein gesundes Aquarienklima an. Einige sind gute Algenfresser, während andere sich als Restevertilger betätigen. Eine »Schneckenplage« ist meist nicht schädlich, deutet aber auf eine Überfütterung hin. ▶ **Seite 112–113**

Garnelen im Aquarium

Garnelen sind faszinierende Aquarientiere, von denen manche schon in recht kleinen Becken gepflegt werden können. Bei guter Wasserqualität und spezieller Fütterung hält man sie am besten unter sich oder nur mit sehr kleinen Fischarten zusammen. Es gibt viele fantastische Zuchtformen wie die Red Bee, die zum Teil sehr teuer gehandelt werden. ▶ **Seite 114–115**

Nur gesunde Fische zeigen prächtige Farben!

Welche Kosten fallen an?

Wenn Sie sich für ein Aquarium entschieden haben, sollten Sie sich natürlich auch über die Kosten im Klaren sein:

1. Anschaffungspreis fürs Becken.
2. Technik: Beleuchtung, Filter, eventuell Heizung.
3. Einrichtung: Bodengrund, Dekoration und Pflanzen.
4. Anschaffungskosten für Fische und andere Aquarienbewohner.
5. Futterkosten.
6. Zusätzliche Kosten für Kleinteile wie Käscher und Thermometer sowie »Stand-by-Medikament« zur Behandlung der häufigen Weißpünktchenkrankeit (»Ichthyo«).
7. Wasser- und Stromkosten.

Richtpreise

Je nach Wunsch und Qualität sind die Preise für ein Aquarium samt Einrichtung sehr unterschiedlich.

Einsteiger-Aquariensets: Becken (60 cm) mit Beleuchtung, Filter, Heizer: 80 bis 100 €.

Einrichtungskosten: Bodengrund, Deko und Pflanzen: 50 bis 100 €.

Fische, Schnecken und Garnelen: Die Preise können bei 1 bis 2 € pro Tier liegen, aber auch über 100 € betragen.

Kleinteile und Zubehör: Inklusive Notfallmedikament müssen Sie mit etwa 50 € rechnen.

Futter, Strom, Wasser: Für die abwechslungsreiche Versorgung eines durchschnittlich besetzten 60-Liter-Aquariums fallen etwa 15 bis 20 € monatlich an.

Zeitaufwand

Er hält sich für die Pflege eines 60- bis 100-Liter-Aquariums im Vergleich zu der anderer Tierarten in Grenzen. Täglich sollten Sie mindestens 10 bis 15 Minuten für Fütterung, Kontrolle der Technik und Gesundheits-Check der Aquarienbewohner einplanen. Die wöchentliche Pflegearbeit, wie zum Beispiel Teilwasserwechsel und Scheibenputzen, benötigt etwa eine halbe bis eine Stunde. Natürlich können und sollten Sie sich für spannende Beobachtungen darüber hinaus viel mehr Zeit nehmen ...

Die tägliche Fütterung ist nicht zeitintensiv und bietet gute Beobachtungsmöglichkeiten.

Sicherer Transport

Fische transportiert man in Fischtransport-beuteln mit runden Beutelecken, gefüllt mit etwa einem Drittel Wasser und zwei Drittel Sauerstoff oder Luft. Garnelen benötigen eine kleine Festhalthilfe im Beutel, zum Beispiel etwas Kunststoffgewebe. Pflanzen werden feucht und mit genügend Luft im Beutel transportiert. Wichtig ist, dass während des Transports die Temperatur nicht absinkt. Transportieren Sie Ihren Einkauf in der kalten Jahreszeit in einer Isoliertüte oder Styroporbox. Der Transport sollte nicht länger als maximal 12 Stunden dauern, bei wenig Besatz bis 24 Stunden.

Das Einsetzen der Tiere

Den Beutel zur Temperaturanglei-chung auf die Wasseroberfläche des Aquariums legen. Danach öffnen und das Wasservolumen im Beutel mit Aquarienwasser verdop-peln. Empfindliche Tiere in einen Eimer setzen, über Stunden becherweise Wasser hinzugeben und sie dann ins Becken entlassen.

WICHTIG

Wasser und Strom
Beides zusammen bildet eine unheilvolle Allianz, denn Wasser leitet elektrischen Strom sehr gut. Um keinen gefährlichen Stromschlag zu bekommen, ist daher besonders beim Hantieren direkt im Aquarium ein besonne-ner Umgang mit Strom wichtig. Unterbrechen Sie unbedingt vor dem Hantieren die Stromzufuhr zu den Geräten. Verwenden Sie ausschließlich Aquariengeräte, die über ein gültiges TÜV-Zei-chen verfügen. Stellen Sie bitte sicher, dass die Hauselektrik mit einem Fehlerstrom-Schutzschal-ter versehen ist.

WG Aquarium

1. Achten Sie beim Besatz Ihres Aquariums unbedingt auf die Bedürfnisse und Temperamente der einzelnen Arten.
2. Stellen Sie sicher, dass alle Aquarienbewohner ans Futter kommen. Füttern Sie gegebenenfalls gezielt.
3. Vergesellschaften Sie nur Arten, deren Wasser- und Futterbedürfnisse zusammenpassen.
4. Separieren Sie besonders aggressive oder dominante Einzeltiere.
5. Manche Fischarten benötigen Unterstände und Verstecke oder Reviergrenzen, um sich in Gesellschaft auch abgrenzen zu können.

► Seite 118–135

Große Fische

Manche Jungfische, die im Zoofachhandel angeboten werden, sind ausgewachsen eindeutig zu groß für kleine Aquarien. Leider hört man immer wieder die These, dass sich die Fische im Wachstum der Aquariengröße anpassen würden und deshalb auch in kleineren Becken gehalten werden können. Das ist falsch! Selbst wenn es stimmen würde, hätte dies nichts mit einer artgerechten Tierhaltung zu tun. Kaufen Sie also keine »Minihaie«, »Haiwelse« oder Diskusfische und Skalare, wenn Sie nicht über ein ausreichend großes beziehungsweise hohes Becken verfügen. Bitte informieren Sie sich also vor dem Kauf über die Endgröße der Fische, die Sie pflegen möchten.

Geschlechtsunterscheidung

Die Geschlechter der meisten Fischarten lassen sich recht leicht unterscheiden. In den überwiegenden Fällen sind die erwachsenen Männchen schlanker und farbiger als die Weibchen und haben größere und etwas spitz auslaufende Flossen. Bei Arten mit weniger ausgeprägten Geschlechtsunterschieden, zum Beispiel Panzerwelsen, hilft manchmal ein Blick von oben. Die Weibchen sind rundlicher als die Männchen. Allerdings ist bei Jungfischen das Geschlecht oft nur schwer erkennbar.

Nur die fortpflanzungsaktiven Männchen des Honigguramis zeigen attraktive Farben.

Einrichtungsfahrplan

Ist das Aquarium in den Grundzügen konzipiert, kann es in wenigen Schritten eingerichtet und in Betrieb genommen werden.

1. Standort auswählen.
2. Becken auf geeignete Unterlage stellen.
3. Technische Geräte installieren.
4. Bodengrund und Depotdünger einbringen.
5. Feste Dekoelemente wie Wurzeln und Steine einbringen.
6. Wasser teilweise einfüllen.
7. Pflanzen einsetzen.
8. Wasser komplett auffüllen.
9. Technische Geräte in Betrieb nehmen.
10. 2 bis 4 Wochen »Einfahrphase« mit Wasserkontrolle.
11. Nach der Einfahrphase Fische einsetzen.

Eltern-TIPP

Verantwortung übernehmen
Kinder können in der Regel nicht völlig selbstständig die Pflege eines Aquariums übernehmen. Sie überblicken noch nicht alle Zusammenhänge und sind meist nicht ausdauernd genug, um langfristig Veranwortung zu übernehmen. Motivieren Sie Ihr Kind, indem Sie ihm eine Teilverantwortung übertragen, wie zum Beispiel die tägliche Füttung oder den Gesundheits-Check der Aquarienbewohner – natürlich immer mit einem wachen elterlichen Auge. Übrigens ist es oft hilfreich, besonderen Aquarientieren einen Namen zu geben.

Dieser Antennenwels fühlt sich im Schutz der Pflanze sicher und geborgen.

Warum Verstecke wichtig sind

Viele Aquarientiere benötigen zum Wohlbefinden Unterstände und Verstecke, wahrscheinlich weil sie sich dann sicher vor Feinden und Konkurrenz fühlen. Die meisten Gruppenfische ziehen sich zeitweise gern unter Pflanzendeckung zurück. Viele Welse und Buntbarsche benötigen Höhlen als Familien- und Reviermittelpunkt, weil sie darin ihre Eier legen und die Brut hochziehen. Pflanzendickichte oder Falllaub am Boden schaffen Rückzugsmöglichkeiten für Zwerg- oder Jungfische.

▶ Seite 34–57

Teilwasserwechsel

Die wichtigste Pflegemaß-
nahme in jedem Aquarium ist
der wöchentliche Teilwasserwechsel von etwa einem Drittel
des Beckeninhalts. Bei einem kleinen Aquarium (60 l) sind dafür
zwei 10-Liter-Gießkannen überaus
hilfreich, die beispielsweise im
Aquarienunterschrank oder
versteckt daneben stehen. Sie
enthalten abgestandenes und
temperiertes Wasser und werden
nach jedem Wasserwechsel sofort
neu mit Frischwasser befüllt. So
steht für die jeweils kommende
Woche bereits aufbereitetes und
temperiertes Wasser ohne weitere
Vorkehrungen bereit. Das »Gieß-
kannen-Prinzip« ist bemerkens-
wert einfach, aber sehr effektiv.
▶ Seite 60

»Fischsitter«

Während Ihrer Abwesenheit
sollten Sie es dem »Fischsitter« so
einfach wie möglich machen:

1. Installieren Sie einen Futterautomaten oder portionieren Sie
   Futterrationen in kleinen
   Einzelgefäßen vor, damit die
   Aquarienbewohner nicht
   überfüttert werden.
2. Steht ein Teilwasserwechsel
   an, bereiten Sie alles so vor,
   dass der Fischsitter notwendi-
   ge Utensilien nicht mühsam
   zusammensuchen muss.
3. Gehen Sie vor Ihrem Urlaub
   jeden Schritt einmal in der
   Praxis mit dem »Fischsitter«
   durch und erklären Sie die
   technischen Geräte.
4. Hinterlassen Sie eine Telefon-
   nummer für Notfälle.

Gut gefütterte und ausgewachsene Fische
können problemlos etwa eine Woche fasten.

Aquarium im Urlaub

Für Kurzurlaube bis zu einer Woche lassen
Sie das Aquarium einfach weiterlaufen,
ohne zu füttern. Für längere Ferien en-
gagieren Sie am besten eine Urlaubsver-
tretung, oder Sie installieren einen
Futterautomaten, der einmal täglich
füttert und so eingestellt ist, dass eher zu
wenig als zu viel Futter gespendet wird.
Machen Sie einige Tage vor Ihrem Urlaub
noch einen großen Wasserwechsel (etwa
zwei Drittel), reinigen Sie den Filter und
achten Sie die nächsten Tage darauf, dass
die Aquarientechnik inklusive Futterauto-
mat zuverlässig funktioniert.

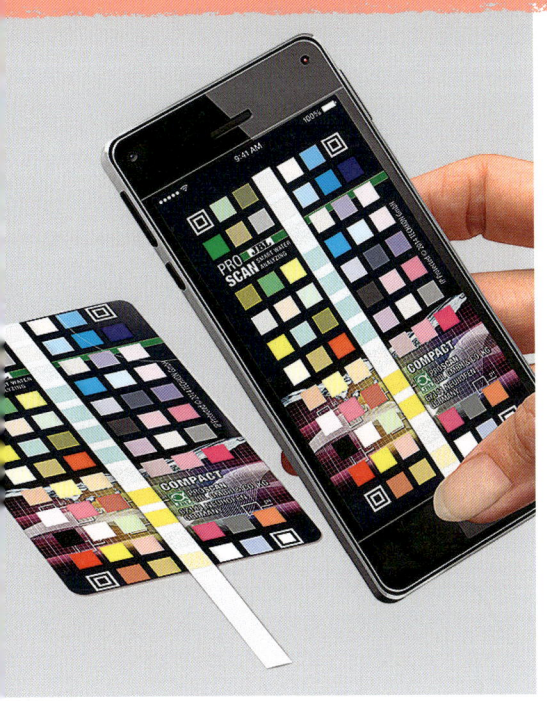

Wasserwerte messen

Die wichtigsten Wasserwerte (Wasserhärte, organische Belastung, Säuregehalt) lassen sich einfach und schnell mit Teststreifen-Schnelltests bestimmen. Früher waren diese Tests relativ ungenau, können aber inzwischen in Verbindung mit einem Smartphone mit integrierter Kamera sehr genau abgelesen werden. In der Einfahrphase sollte das Wasser gemessen werden, um sicherzustellen, dass kein gifitges Nitrit im Wasser ist. Auch danach hilft eine wöchentliche Messung, um rechtzeitig auf schädliche Wasserveränderungen reagieren zu können. ▶ Seite 42–45

Fische herausfangen

Verwenden Sie zwei unterschiedlich große Aquarienkäscher, um die Fische schonend aus dem Wasser zu holen. Mit dem kleineren versuchen Sie die Fische in den größeren Käscher zu treiben. Im eingerichteten Aquarium lassen sich Fische stressfrei am besten nach dem Abschalten der Beleuchtung fangen, also dann, wenn die Fische »schlafen«.

Pflanzenpflege

Auch pflegeleichte Pflanzen benötigen neben ausreichend Licht durchaus etwas Zuwendung. Düngen Sie bei Bedarf, etwa bei gelben Blättern oder stockendem Wachstum, mit speziellen Wasserpflanzendüngern, etwa Bodentabletten. Lichten Sie die Pflanzen immer wieder aus und lockern Sie den Bodengrund. ▶ Seite 48–53

TYPISCH
AQUARIEN-
FISCHE

Wer Fische erfolgreich pflegen möchte, sollte über natürliche Lebensräume, Körperbau, Sinnesleistungen und Verhaltensweisen seiner Aquarienbewohner gut informiert sein. Das folgende Kapitel vermittelt Ihnen Basiswissen rund um den Fisch und gibt Anregungen für interessante Beobachtungen.

Eroberung verschiedener Lebensräume

Die erfolgreiche Pflege eines Aquariums hängt davon ab, ob Sie einen artgerechten Ersatzlebensraum für Fische und Pflanzen schaffen können. Das Wissen um die natürlichen Lebensräume ist dafür besonders wichtig.

Die meisten der beliebten Tiere und Pflanzen fürs Zimmeraquarium stammen aus einer vergleichsweise kleinen Anzahl von Lebensräumen, die sich auf Flüsse, Bäche, Seen und Sümpfe in den Tropen beziehungsweise Subtropen verteilt.

NATÜRLICHE LEBENSRÄUME

Viele Aquarienfische und -pflanzen stammen aus verkrauteten Stillwasserbereichen größerer und kleinerer Fließgewässer, Seen und Sümpfen. Dort leben die Fische im Gestrüpp von Baumästen, die ins Wasser gefallen sind oder zwischen denen sich feinfiedrige Wasserpflanzen angesiedelt haben. Wo keine Wasserpflanzen gedeihen, bieten ins Wasser hängende Landpflanzen Versteckplätze und Rückzugszonen für Fische und Garnelen. Andere Arten leben in kleinen Bächen, mit manchmal einem Wasserstand von wenigen Zentimetern. Sind diese Bäche felsig und haben eine starke Strömung, halten sich die Fische im Strömungsschatten der Steine auf, oder sie verfügen über saugnapfartige Flossen und Mäuler, mit denen sie sich an den Steinen festhalten können.

Große Bäche, Flüsse und Regenwaldseen weisen im Gegensatz zu kleineren Gewässern eine Vielzahl unterschiedlich strukturierter Lebensräume auf. Hier leben auch manche als Aquarienfische gehandelte Arten. Sie finden Schutz vor Fressfeinden und einen, zumindest zeitweise im Jahr,

Eltern-TIPP

Heimische Badeseen
Mit Taucherbrille und Schnorchel »bewaffnet«, lassen sich am Badesee, quasi vor der Haustür, eindrucksvolle Beobachtungen machen. So können Kinder erleben, wie sich Fische in ihrem natürlichen Lebensraum verhalten, und sich dabei selbst fast wie ein Fisch im Wasser fühlen. Auch spannend: nachts mit der Taschenlampe vom Steg aus schlafende Fische und sogar Krebse beobachten.

Ein seltener Einblick in das amerikanische Regenwaldbiotop des Roten Neons und des Gabelschwanz-Schachbrettcichliden – Falllaubzone im Überschwemmungswald.

reich gedeckten Tisch. Vor allem in Buchten und in der Regenzeit in Überschwemmungszonen bedeckt eine dicke Falllaubschicht den Gewässergrund, die von vielen Fischarten und ihren Nährtieren aufgesucht wird. Aber auch felsige Stromschnellen oder tiefe Bereiche mit Sandboden und eingelagerten Steinen und Totholz bieten Lebensräume mit vielen Verstecken und Nahrungsquellen. Einen ganz besonderen Lebensraum stellen die großen Seen Ostafrikas, etwa der Tanganjikasee, dar. In diesen Seen sind Hunderte von Fischarten zu Hause, die nur dort vorkommen. Vor allem Arten aus Felsbiotopen, aber auch aus Sandbiotopen sind aquaristisch bedeutsam. Einige aquarientaugliche Fischarten stammen aus Mangrovenbereichen und Brackwassertümpeln im Übergangsbereich zwischen Süß- und Meerwasser.

Überlebenserfolg durch Anpassung

Jedes Lebewesen hat sich auf seine Art in der Umwelt etabliert, in der es entstanden ist. Daraus resultierten die unterschiedlichsten Anpassungen in Verhalten und Körperbau. Sie führten zu der großen Artenvielfalt.

Dieser Gebirgsharnischwels weidet mit seinem »Gummimaul« Algen ab.

NAHRUNGSQUELLEN ERSCHLIESSEN

Die wichtigste Anpassung zum Überleben ist die Art und Effizienz, Nahrung zu finden. Erfolgreich kann dabei zum Beispiel die »**Allesfresser-Strategie**« sein, also möglichst viele verschiedene Futterarten nutzen zu können. Solche Generalisten sind nicht nur auf eine bestimmte Nahrung fixiert, sondern kommen mit sehr unterschiedlichen Nahrungsangeboten zurecht, wie sie beispielsweise zu den verschiedenen tropischen Jahreszeiten auftreten. Hier stehen in den heißen Trockenzeiten andere Nahrungstiere oder -pflanzen zur Verfügung als in der oft kühleren Regenzeit. Viele besonders beliebte Aquarienfisch-Arten gehören zu den Generalisten. Sie kommen daher auch mit den verschiedenen Kunstfuttersorten klar, die es in der Natur so gar nicht gibt. Die **Spezialisierung** auf eine bestimmte Nahrung hat sich vor allem dann als erfolgreich herausgestellt, wenn zum Beispiel durch besondere Maul- oder Körperformen Nahrungsquellen erschlossen werden, die anderen Arten nicht zugänglich sind. So können sich etwa

Flossensauger mit Hilfe ihrer verbreiterten Brust- und Bauchflossen auch in der stärksten Strömung auf Steinen festhalten und dort lebende Insektenlarven erbeuten, an die andere Bachfische aufgrund ihres Körperbaus nicht herankommen. Im Aquarium benötigen Spezialisten aber oft eine **gezielte Fütterung,** weil sie beispielsweise in der Gesellschaft von flinken und konkurrenzstarken Generalisten leicht zu kurz kommen oder weil sie ganz bestimmte Futtersorten brauchen.

ERFOLGREICH FORTPFLANZEN

Ein weiterer Schlüssel zum Überleben besteht in der Fähigkeit, sich unter den jeweiligen Umweltbedingungen erfolgreich fortzupflanzen. Die meisten Fischarten geben nach der Befruchtung relativ kleine Eier in großer Zahl wahllos ins freie Wasser oder in Pflanzendickichte ab und kümmern sich nicht weiter darum. Zu diesen **nicht brutpflegenden Arten** gehört zum Beispiel die Mehrzahl der Salmler, Barben und Regenbogenfische.

»Masse statt Klasse« hilft vor allem dann, wenn alle Lebensstadien des Nachwuchses bedroht sind. Bei vielen kleinen Larven werden mit großer Wahrscheinlichkeit ein paar wenige überleben, jedenfalls mehr, als wenn nur einige wenige produziert worden wären. **Brutpflegende Arten** sind dagegen dann im Vorteil, wenn »Klasse statt Masse« angesagt ist. Sie produzieren relativ wenige, dafür aber größere Eier. Jungfische pflegen sie über eine längere Zeit und verteidigen sie oft vehement. Brutpflege ist vor allem dann erfolgreich, wenn Eier und kleine Larven zum Beispiel durch viele Fressfeinde bedroht sind. Zu den Brutpflegern gehören alle Buntbarsche, viele Labyrinthfische und Grundeln. Etwas ganz Besonderes haben sich die **Lebendgebärenden Zahnkarpfen,** zu denen Guppys oder Platys zählen, für das Überleben ihres Nachwuchses einfallen lassen: Wie die meisten Säugetiere gebären sie lebende Jungfische, die sofort nach der Geburt relativ groß, eigenständig und deswegen auch ohne elterliche Brutpflege überlebensfähig sind.

ZUSATZWISSEN

Im Dunkeln jagen
Viele Fische schlafen tagsüber und gehen im Dunkeln auf Nahrungssuche. Damit sie auch nachts erfolgreich Nahrung finden, verfügen sie über besondere Anpassungen. Stachelaale haben einen sehr gut ausgeprägten Geruchssinn, der sie selbst ohne Licht zur richtigen Nahrung führt. Manche Grundeln sehen auch bei sehr wenig Licht gut, weil sie – wie Katzenaugen – Restlicht gut auffangen können. Und viele Welsarten verfügen über einen elektrischen Sinn, mit dem sie schwache elektrische Ladungen orten, die jedes Lebewesen durch Muskeln und Nervenaktivität abgibt.

Anatomie und Sinne der Fische

Besondere Merkmale der Fischanatomie spiegeln die Anforderungen an das Leben im nassen Element wider. Optimierte Körperformen, Organe und Sinne spielen dabei eine entscheidende Rolle.

DIE KÖRPERFORM

Sie ist vor allem darauf ausgerichtet, den Strömungswiderstand des Fischkörpers im Wasser gering zu halten. Abhängig von Strömungsverhältnissen und Lebensraum sind die Körperformen unterschiedlich. Die klassische Fischform, seitlich abgeplattet und leicht hochrückig, ist typisch für Freiwasserfische aus nicht allzu stark strömenden Gewässern. Besonders hochrückige Fische stammen oft aus Stillwasserzonen. Schwimmfreudige Freiwasserfische aus Fließgewässern sind dagegen eher länglich kompakt gebaut, wohingegen Boden- oder Oberflächenfische bauchseitig bzw. rückenseitig abgeflacht sind. Natürlich gibt es Ausnahmen, die nicht in diese Kategorien passen, wie etwa die schlangenartigen Stachelaale.

DAS »KÖRPERGERÜST«

Der Fischkörper ist meist von Schuppen umgeben, die dachziegelartig in die Haut eingebettet sind. Sie geben dem Körper, zusammen mit den innen liegenden Knochen (»Gräten«), Halt. Doch nicht alle Fische haben Schuppen, manche sind »nackt«, andere sind zum Schutz mit Knochenschilden gepanzert. Sehr wichtig ist die alles überdeckende Schleimhaut, die sich jedoch leicht abreibt. Die in der Haut eingelagerten Schutzmoleküle helfen, Krankheitserreger abzuwehren und den Strömungswiderstand des Fischkörpers zu verringern.

Die Barteln am Maul der Welse sind sowohl Tastorgan als auch Geschmacksorgan.

FLOSSEN, SCHWIMMBLASE UND KIEMEN

Die **Flossen** sorgen vor allem für die Fortbewegung und Stabilisierung des Fischkörpers im Wasser. Manche Arten haben ihre Flossen zu Tastorganen umgebildet, wie etwa die Fadenfische, oder zu Kopulationsorganen, wie beispielsweise die Lebendgebärenden Zahnkarpfen. Die gasgefüllte **Schwimmblase** im oberen Bauchraum hält die Fische durch ihren regulierbaren Auftrieb ohne allzu großen Energieaufwand in der Schwebe. Viele am Boden lebende Fische haben jedoch keine oder nur eine verkümmerte Schwimmblase, weil sie ja nicht schweben müssen. Mit den **Kiemen** atmen die Fische, indem sie das mit Sauerstoff angereicherte Wasser durch pulsierende Kiemendeckelbewegungen an dem stark durchbluteten Kiemengewebe vorbeileiten. Fische aus sehr sauerstoffarmen Gewässern, zum Beispiel viele Labyrinthfische oder Welse, besitzen oft zusätzliche Atemorgane, mit denen sie Sauerstoff aus der Luft atmen können.

Das Fischauge dient nicht nur dem Sehen, sondern auch dem Gesehenwerden. Die Irisfärbung ist oft sehr schön.

DIE SINNESORGANE

Die wichtigsten Sinnesorgane der Fische sind die Augen, der Ferntastsinn und der Geruchssinn. Viele Arten können zudem unter Wasser hören (→ Hörtest, Seite 32), und manche nehmen sogar elektrische Felder und Magnetfelder wahr. Die meisten Fische sehen Objekte, die in etwa 10 Zentimeter Entfernung direkt vor ihnen oder seitlich von ihnen liegen, scharf. Auch Farben können Fische sehr gut erkennen. Nachtaktive Arten haben oft besonders große Augen, um das wenige Licht besser einzufangen. Viele Fische riechen nicht nur mit den Riechzellen, die sich in nasenartigen Sinnesgruben auf der Schnauze befinden, sondern auch mit ihren Barteln, also Bartfäden, mit denen sie im Dunkeln oder Trüben die Umgebung abtasten. So machen sie sich sowohl ein geruchliches als auch ein räumliches Bild von ihrer Umgebung. Etwas Besonderes ist das Seitenlinienorgan, mit welchem Fische die Stärke und die Herkunft kleinster Druckwellen wahrnehmen, wie sie etwa Beutetiere, die sich im Wasser bewegen, erzeugen.

Verhaltensweisen im Zusammenleben

Fische gelten zu Unrecht landläufig als »dumm«. Viele Arten zeigen unerwartet vielfältige Verhaltensweisen, von denen sogar manche durchaus als intelligent bezeichnet werden können.

Fische verfügen über viele Möglichkeiten, sich mit Artgenossen zu »unterhalten«, sich mit ihnen abzustimmen und auseinanderzusetzen. Jede Art hat dafür eigene Verständigungsmuster entwickelt.

DAS SCHWARMVERHALTEN

Am ehesten dem Klischee vom »dummen« Fisch entsprechen die Schwarmfische. Viele Einzeltiere schließen sich dabei zu einer koordinierten Gruppe zusammen. Der Einzelne scheint in diesem Fall keine eigenen Entscheidungen zu treffen.

TIPP

Unterlegene und kranke Fische
Es ist nie verkehrt, separat ein etwa 25-Liter-Kleinaquarium mit eingefahrenem, laufendem Minifilter und einer Heizung zu betreiben. So haben Sie immer ein Ausweichquartier für vorübergehend unterlegene oder auch kranke Fische parat.

Doch das Schwarmverhalten entpuppt sich schnell als clevere Schutzmaßnahme. Im Schwarm ist der Einzelfisch besser gegen Raubfische geschützt, denn es erweist sich für den Räuber als schwierig, einen einzelnen, in einem unruhigen Schwarm verborgenen Fisch zu fixieren und gezielt anzugreifen. Die meisten Aquarienfische leben jedoch nicht dauerhaft im Schwarm, sondern schließen sich nur in (vermeintlichen) Gefahrensituationen zusammen, beispielsweise wenn sie in eine andere Umgebung, etwa in ein neu eingerichtetes Aquarium, gelangen.
Viele Aquarienfische sind aber durchaus gesellig. Sie leben in lockeren Gruppen zusammen und brauchen Artgenossen, um sich wohlzufühlen, wie zum Beispiel die meisten Salmler, Barben, Bärblinge, Regenbogenfische und Panzerwelse.

DAS TERRITORIALVERHALTEN

Fische mit einem ausgeprägten Territorialverhalten verteidigen ihr Revier grundsätzlich oder nur zeitweise, etwa wenn sie in der Fortpflanzungszeit ein Brutrevier für die Dauer der Eiablage und Aufzucht

Diamant-Regenbogenfische (*Melanotaenia praecox*) brauchen die Sicherheit der Gruppe.

Männchen von Werners Ährenfisch (*Iriatherina werneri*) imponieren voreinander.

der Jungen gründen. Grundeln, Labyrinthfische und vor allem Buntbarsche verteidigen in dieser Zeit häufig aggressiv einen mehr oder weniger großen Bereich gegen potenzielle Bruträuber oder gegen konkurrierende Artgenossen. Im Aquarium kann es dann zu Problemen kommen, wenn Fische, die vorher friedlich zusammenlebten, »plötzlich« das gesamte Aquarium als ihr Brutrevier betrachten.

Manche Arten verhalten sich jedoch ihr ganzes Leben territorial, zum Beispiel weil sie ein Versteck oder einen Futterplatz für sich allein beanspruchen. Übrigens setzen viele Fische Lautäußerungen zur Verdeutlichung ihrer Revieransprüche, aber auch bei der Balz ein, beispielsweise die Knurrenden Zwergguramis. Diese kleinen Fische knurren, indem sie ihre Schwimmblase, die eigentlich einem anderen Zweck dient, mit speziellen Bauchmuskeln in Schwingung versetzen.

DAS KAMPFVERHALTEN

Das wohl auffälligste und im Aquarium oft auch folgenreichste Verhalten ist das Kampfverhalten. Fast alle Fischarten führen mit gespreizten Flossen voreinander harmlose Imponierkämpfe aus, die dem Kräftemessen dienen. Die Steigerung sind Beschädigungskämpfe, bei denen sich die Gegner ineinander verbeißen, sich mit Stachelflossen oder mit dem Maul rammen oder sich wilde Verfolgungsjagden liefern, bis einer der Kontrahenten aufgibt. In beengten Aquarienverhältnissen kann sich der Schwächere allerdings oft nicht aus dem Sichtfeld des Gewinners zurückziehen. Durch den ständigen Anblick wird der Stärkere so immer wieder aufs Neue gereizt, den Schwächeren zu attackieren. Aus einem anfänglich relativ harmlosen Kräftemessen kann dann ein Beschädigungskampf werden, der für den Unterlegenen tödlich enden kann.

Nachzuchten oder Wildfänge?

Bisher ist keine einzige Aquarienfischart bekannt, deren Bestand in der Natur durch Wildfänge bedroht ist. In manchen Fällen hat sich der gezielte Wildfischfang sogar als gut für Tier- und Naturschutz erwiesen.

Natürlich gilt die Entnahme wild lebender Tiere aus der Natur überall und jederzeit alles andere als unproblematisch. Doch die Nutzung von Wildfängen aus ökologisch intakten Regionen kann dem Naturschutz auch helfen, statt ihm zu schaden. Ein anschauliches Beispiel dafür ist der Rote Neon (*Paracheirodon axelrodi*).

Die wichtigste Naturschutzmaßnahme ist der Erhalt der natürlichen Lebensräume.

NATURSCHUTZ IN DER PRAXIS

Der Rote Neon aus dem Gebiet des Rio Negro in Brasilien gehört zu den am häufigsten exportierten Fischarten. In aufwendiger Handarbeit werden die Neons von einheimischen Fängern mit Käschern gefangen, schonend in Netzkäfigen zwischengehältert, gefüttert und über die brasilianische Amazonas-Metropole Manaus direkt in die Abnehmerländer geflogen. Neons leben in intakten Regenwaldgebieten. Also beruht sowohl die Existenz der Neons als auch die der Fischfänger auf einem langfristig intakten Lebensraum. In speziellen Naturschutzprojekten wird deshalb auf die nachhaltige Nutzung des Roten Neons am oberen Rio Negro eingegangen und auch auf eine faire Bezahlung der Fänger geachtet. Mit dem Kauf eines Wildfangneons unterstützen Sie indirekt sowohl die Natur als auch die Menschen, die vom Fischfang leben.

Die Zerstörung der Lebensräume

Die eigentliche Bedrohung tropischer Fischarten, auch von Aquarienfischarten, liegt in erster Linie in der rasanten Vernichtung ihrer Lebensräume.

Palmölplantagen haben inzwischen großflächig die Sumpfregenwälder Südostasiens zerstört, Soja- und Rinderfarmen rauben immer mehr Regenwald in Südamerika. Aus beiden Regionen werden zunehmend weniger Aquarienfische wild gefangen und exportiert, vor allem weil ihre Lebensräume und damit ihre Populationen schrumpfen. Es ist leider unwahrscheinlich, dass auch die vielen noch weitgehend intakten Lebensräume des Roten Neons unangetastet bleiben, wenn sich etwa die Ausbeutung von Rohstoffen als lukrativer erweist als der kleine Wirtschaftszweig »Neonfang«.

Veranwortungsvolle Aquaristik

Wie kann man helfen, die natürlichen Lebensräume unserer Aquarienfische und ihre Populationen zu schützen? Eine wichtige Voraussetzung liegt darin, sich mit den Lebensansprüchen der Fische und ihren Bedrohungen auseinanderzusetzen und erst dann eine entsprechende Artenauswahl für das eigene Aquarium zu treffen. Das zeichnet Sie als einen verantwortungsvollen Tierhalter aus. Ebenso wichtig ist natürlich auch der umsichtige Einkauf von Aquarienzubehör. Schauen Sie nicht nur auf den Preis, sondern berücksichtigen Sie zum Beispiel umweltfreundliche Aspekte wie etwa Energieverbrauch. Achten Sie auch beim Einkauf Ihrer Lebensmittel darauf, keine Produkte zu erwerben, die zu einer Lebensraumvernichtung in den Tropen beitragen. Beachten Sie nebenstehende Checkliste. Informationen zur Produktnachhaltigkeit bieten auch ökologisch orientierte Beratungsportale im Internet und einschlägige Zeitschriften.

NATURSCHUTZ-CHECK

Mit naturorientierter Aquaristik und bewusstem Konsumverhalten schützen Sie auch Aquarienfische in ihrer Heimat.

- ☐ Informieren Sie sich über Lebensraum und Pflegeansprüche Ihrer »Wunschkandidaten« für Ihr Aquarium durch Fachliteratur, Erfahrungsaustausch und Rat von kompetenten Zoofachhändlern.

- ☐ Tragen Sie durch artgerechte Haltung und verantwortungsvollen Umgang mit Ihren Tieren zu einem positiven Bild der Aquaristik bei.

- ☐ Verzichten Sie auf Billigangebote von Tieren, insbesondere von Roten Neons.

- ☐ Informieren Sie sich über die Nachhaltigkeit von Palmöl- und Sojaprodukten in Ihrem täglichen Konsum. Bevorzugen Sie Produkte mit Anteilen aus naturschonenden Plantagen.

- ☐ Vermindern Sie den Energieverbrauch Ihrer Aquarientechnik durch Einsatz energieeffizienter elektronischer Geräte, zum Beispiel bei Beleuchtung, Pumpen und Heizung.

- ☐ Unterstützen Sie Umweltschutzprojekte in den Heimatbiotopen Ihrer Aquarienfische. Informationen dazu finden Sie beispielsweise bei Naturschutzorganisationen im Internet.

Auf Entdeckertour: Rund um den Fisch

Geschlechtsorgane

Bei den meisten Fischen sind die Geschlechtsorgane äußerlich nicht oder kaum sichtbar. Bei den Lebendgebärenden Zahnkarpfen, zu denen auch der abgebildete Endlerguppy gehört, ist das anders. Die Männchen haben ein sogenanntes Gonopodium, eine Art Penis, den sie zur Begattung der Weibchen nach vorne klappen und in die Geschlechtsöffnung der Weibchen einführen. Ob die Männchen mit der Begattung Erfolg hatten, zeigt sich nach wenigen Wochen, wenn die Weibchen Junge gebären.

Hörtest für Fische

Der bekannte Verhaltensforscher Karl von Frisch hat mit diesem Experiment nachgewiesen, dass Fische hören können. Läuten Sie vor dem Füttern ein Glöckchen und füttern Sie dann zuverlässig Ihre Fische. Nach einiger Zeit haben die Fische gelernt, dass Glöckchenläuten Futter bedeutet. Sie kommen zuverlässig nach dem Läuten zum Futterplatz. Damit ist der Nachweis erbracht, dass Fische Geräusche wahrnehmen können. Wichtig: Nicht immer zur gleichen Tageszeit läuten und füttern, sonst könnte die Reaktion der Fische auch bedeuten, dass sie sich die Fütterungszeit gemerkt haben.

Tarnung bedeutet Schutz

Viele Tiere schützen sich vor Fressfeinden nicht, indem sie sich verstecken, sondern indem sie sich tarnen. Ihr Aussehen unterscheidet sich kaum von der Umgebung. Dieser Ohrgitterharnischwels hat sich mit seiner schlanken Körperform so an einen Halm angeschmiegt, dass er sich kaum von ihm abhebt.

Eltern-TIPP

Spiegelexperiment

Die Männchen vieler Arten konkurrieren untereinander um Weibchen oder Reviere, indem sie mit anderen Männchen Kräfte messen. In kleinen Aquarien kann aber oft nur ein Männchen gehalten werden. Es gibt keinen Gegner. Das Imponiergehabe lässt sich jedoch leicht auslösen, wenn man dem Männchen einen Spiegel vorhält. Im Spiegelbild erkennt es ein fremdes Männchen, das es mit gespreizten Flossen androht.

Werkzeug mit Zweifachnutzen

Die Saugmäuler der Harnischwelse (im Foto ein Ohrgitterharnischwels) sind faszinierende Organe, die sowohl dazu dienen, sich am Untergrund festzusaugen, als auch dazu, optimal Nahrung vom Untergrund abzuschaben. Besonders gut kann man sogar die vielen kleinen Raspelzähne erkennen, wenn sich die Welse an der Frontscheibe des Aquariums ansaugen.

TECHNIK
EINRICHTUNG
DEKO

In Gedanken steht das Aquarium bereits komplett eingerichtet an seinem Platz und bietet Entspannung pur. Schön wär's. Aber keine Sorge, bald ist es tatsächlich so weit. Wenn Becken und Dekoration ausgewählt sind und die technische Ausstattung stimmt, können die Aquarienbewohner in Kürze einziehen.

Für jeden das richtige Aquarium

Der Fachhandel lässt keine Wünsche offen: Aquarien gibt es in vielen Größen und Formen. Und wer nicht fündig wird, kann sich heutzutage auch recht preiswert ein Sondermaß anfertigen lassen.

DIE AUSWAHL DES BECKENS

Der Zoofachhandel bietet fast ausschließlich Glasaquarien an. Glas hat sich gegenüber Kunststoff bewährt, weil es günstig, leicht zu verarbeiten und vor allem kratzfest ist. Alle im Zoofachhandel angebotenen Becken entsprechen in Glasstärke und Verklebung hohen Qualitätsansprüchen,

Ein schönes Aquarium ist das Ergebnis von guter Technik und optimaler Pflege.

sodass Sie sich keine weiteren Gedanken zur Auswahl machen müssen.

Standardmaße: Die Beckenmaße werden in Länge x Breite x Höhe angegeben. Zum Beispiel hat das beliebte »60er-Becken« die Maße 60 x 30 x 35 cm (63 l Bruttoinhalt), das »80er-Becken« misst 80 x 35 x 40 cm (112 l Bruttoinhalt). Die Form kleinerer Becken ist oft würfelförmig. Solche »Cubes« gibt es mit 30 l Inhalt (ca. 30 x 30 x 35 cm) oder als Garnelen- beziehungsweise Schneckenaquarien auch kleiner.

Sondermaße: Wenn Sie sich für Ihr Aquarium ein Sondermaß wünschen, sollten Sie bei der Bestellung darauf achten, dass die Beckenlänge in etwa Standardlängen entspricht, damit Sie eine passende Beleuchtung für Ihr Aquarium bekommen. Überlegen Sie auch, ob Sie eingeklebte Abteile für großvolumige Innenfilter, Heizer und Innenabläufe, an der Seite oder Rückscheibe angebracht, berücksichtigen.

Deckscheibe: Sowohl Standardmaßbecken als auch Sonderanfertigungen benötigen in der Regel zwei eingeklebte Glasleisten als Deckscheibenauflagen, alternativ kann man auch Metall- oder Plastikauflagen nachträglich anbringen.

Deckscheiben werden oft nicht mitgeliefert, sondern müssen dann beim Glaser bestellt werden. Sie dienen dazu, die Verdunstung zu mindern, dass keine Fische aus dem Aquarium springen, und sie verhindern, dass elektrische Kabel oder Geräte unbeabsichtigt ins Wasser fallen. Die Deckscheibe sollte etwa 1 mm kürzer als die Innenmaße des Beckens sein und geschliffene Kanten und dreieckige Aussparungen in ein oder zwei Ecken als Kabel- und Schlauchdurchführungen haben. In der Praxis haben sich 4 mm starke, zweiteilige Deckscheiben – eine große und eine kleine – bewährt. Praktisch sind auch Deckscheiben mit einer Lochbohrung im vorderen Bereich, die es Ihnen erspart, bei jeder Fütterung die Scheibe anzuheben.

Unterlage und Unterbau

Für jedes Aquarium brauchen Sie eine passende Unterlage. Sie verhindert, dass die Bodenscheibe wegen punktueller Belastung, beispielsweise durch ein größeres Sandkorn, springt. Gut bewährt haben sich Unterlagen aus elastischem Grundstoff oder eine 1 cm dicke Styroporplatte, die Unebenheiten zwischen Unterbau und Glasboden ausgleichen.

Unterbau: Alle Aquarien müssen auf einem stabilen Unterbau stehen, weil auch kleinere Becken schon ein ziemlich hohes Gewicht haben. Während ein 60-Liter-Standard-Glasaquarium mit Wasser (1 l Wasser wiegt etwa 1 kg), Bodengrund und Dekoration schon etwa 100 kg wiegen kann, verdoppelt sich das Gewicht fast für ein 80-Liter-Aquarium. Dieses Gewicht belastet nicht nur den Unterbau, sondern auch den Zimmerboden. Deshalb muss die

Gut einsehbar im Wohnraum platziert: So kommt das Aquarium gut zur Geltung und erlaubt interessante Beobachtungen.

Tragkraft beider Komponenten ausreichend sein. Für die Standardmaße bieten sich Aquarien-Unterschränke aus dem Zoofachhandel an, die auf das Gewicht des Beckens abgestimmt sind. Als Alternative dazu und für die Aufstellung von Sondermaßaquarien sind entweder Sonderanfertigungen nötig (zu tragendes Gesamtgewicht angeben!) oder aber tragfähige Eigenbauten aus Ziegelsteinen, Gasbetonsteinen, Aluminium-Steckregalen oder Vierkanthölzern, die mit einer stabilen und wasserfesten Auflage versehen sind. Unterschränke bieten den großen Vorteil, dass Sie viel Aquarienzubehör und gegebenenfalls auch einen Außenfilter darin unterbringen können.

Die technische Ausstattung

Filter, Beleuchtung und Heizer gehören zur technischen Grundausstattung von fast allen Aquarien. Sie sorgen für sauberes Wasser, guten Pflanzenwuchs und damit für das Wohlbefinden der Aquarienbewohner.

DER FILTER

Im Fachhandel stehen sowohl Innen- als auch Außenfilter zur Auswahl. Für welchen Sie sich entscheiden ist letztendlich Geschmackssache, denn die Filterwirkung hängt vor allem von Volumen und Art des Filtermaterials ab.

Innenfilter: Besonders energiesparend sind Innenfilter, die mit Lufthebern oder kleinen Kreiselpumpen betrieben werden. Die sogenannten Patronenfilter verfügen nur über ein kleines Filtervolumen, lassen sich aber deshalb relativ unauffällig mit Saugern in einer Aquarienecke platzieren.

TIPP

Ersatzteil auf Lager
Motor-Filterpumpen haben nur ein verschleißanfälliges bewegliches Teil: das Flügelrad mit Achse. Reinigen Sie es regelmäßig nach Gebrauchsanweisung und halten Sie ein Flügelrad mit Achse als Ersatzteil parat.

Die Filter gibt es in verschiedenen Größen, aber nicht alle Modelle verfügen über die Möglichkeit, andere Filtermaterialien als Schaumstoff einzusetzen. Wesentlich effizienter, aber auch voluminöser sind die sogenannten »Hamburger Mattenfilter« (»HMF-Filter«) aus grobporigem Filterschaumstoff. Die passgenau zugeschnittenen Schaumstoffmatten (ca. 5 cm dick), werden so vor einer Seitenscheibe in eine Ecke geklemmt, dass dahinter ein Zwischenraum entsteht, in den der Luftheber oder die Motorpumpe zur Wasserbewegung gehängt wird. Die Matten können auch mithilfe von Glasmanschetten, die man mit Silikonkautschuk befestigt, angebracht werden. Bei Bedarf kann die hintere Klarwasserkammer mit weiteren Filtermaterialien bestückt und auch der Heizer dahinter versteckt werden.

Außenfilter: Ein relativ großes Filtervolumen erreicht man durch den Einsatz von motorbetriebenen Kanister-Außenfiltern, die mit verschiedenen Filtermaterialien bestückt werden können. Zu- und Abläufe werden über Schlauchverbindungen gelegt, sodass der Filter außerhalb des Aquariums stehen kann.

Wählen Sie eher großvolumige Modelle, deren Pumpenleistung am Ausfluss regulierbar ist. Achten Sie außerdem darauf, dass die Schlauchverbindungen zum Reinigen des Filtertopfes einfach abzukoppeln sind.

Filterbetrieb: Zum Betreiben des Filters, aber auch für eine zusätzliche Sauerstoffversorgung des Aquarienwassers setzen Sie am besten entweder Membran-Luftpumpen oder Kreiselpumpen ein. In Kombination mit Lufthebern reichert die Membranpumpenluft automatisch das Wasser mit Sauerstoff an. Eine zusätzliche Sauerstoffversorgung ist durch den Anschluss von Ausströmersteinen an die Membranpumpe möglich. Bei Kreiselpumpen erreichen Sie dies mit sogenannten Diffusoren am Pumpenauslauf.

DIE BELEUCHTUNG

Die Beleuchtung ist sowohl für einen guten Pflanzenwuchs als auch für den tageszeitlichen Rhythmus der Fische wichtig. LED-Leuchten schlagen dabei in Bezug auf Lichtqualität und Energieeffizienz alle anderen früher gebräuchlichen Beleuchtungen. Sie haben die Wahl zwischen frei über dem Aquarium anzubringende Einzel-Aquarienleuchten oder eine integrierte Beleuchtung in der Aquarienabdeckung. Für einen natürlichen Eindruck und guten Pflanzenwuchs sind Leuchten mit Tageslichtqualität vorteilhaft. Eine besonders starke Beleuchtung ist nur für spezielle Pflanzenaquarien mit hohem Pflegeaufwand sinnvoll. Bei Standardaquarienmaßen und normaler Bepflanzung, wie in diesem Ratgeber empfohlen, ist eine Aquarienleuchte in Beckenlänge ausrei-

ZUBEHÖR-CHECK

Die Anschaffung folgender Kleinteile erleichtert Ihnen die Arbeit rund um die Pflege Ihres Aquariums:

- ☐ Zwei feinmaschige Käscher, ein kleiner und ein größerer.
- ☐ Ein 2,5 m langer Schlauch für den Wasserwechsel.
- ☐ Zwei 10-Liter-Eimer oder Gießkannen für den Wasserwechsel.
- ☐ Ein Algenschaber, Algenmagnet oder Stahlschwamm für die Reinigung der Scheiben.
- ☐ Eine Zeitschaltuhr für die regelmäßige Beleuchtung.
- ☐ Ein Thermometer zur Überprüfung der Temperatur.
- ☐ Eine Mulmglocke zum Absaugen/ Auflockern des Bodengrundes.
- ☐ Messstreifen zur Überprüfung der Wasserqualität.

chend. Aquarienleuchten müssen regelmäßig an- und ausgeschaltet werden.

DIE HEIZUNG

Als Heizer kommen fast ausschließlich regelbare Stabheizer infrage, deren Leistung zwischen 25 W und 100 W für 30- bis 120-Liter-Becken liegen sollte. Wählen Sie unzerbrechliche, untertauchbare Modelle mit Überhitzungsschutz.

Die wichtigsten Technik-Handgriffe

Die richtige technische Ausstattung muss nicht aufwendig sein. Wichtig ist, dass die Geräte optimal dimensioniert sind und dass Installation, Handhabung, Kontrolle und Wartung einfach sind.

Aquarienabdeckung

Eine gute Abdeckung erfüllt mehrere Funktionen gleichzeitig. Die integrierte Beleuchtung sorgt für guten Pflanzenwuchs, passgenaue Aussparungen für Kabel stellen sicher, dass keine Tiere über zu große Lücken entweichen, und eine Futterluke erlaubt die regelmäßige Fütterung ohne große Umstände.

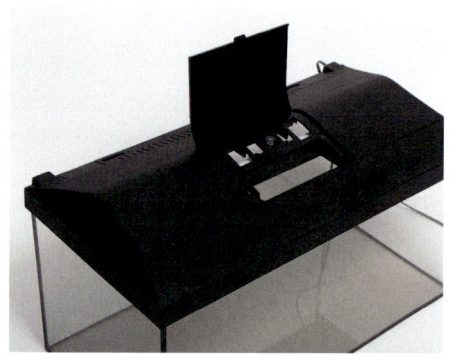

Regelheizer

Regelheizer heizen das Aquarium thermostatgesteuert. Sie sollten gut erreichbar, aber dennoch unauffällig in einer der hinteren Aquarienecken platziert werden. Zu jedem Heizer gehört auch ein Aquarien-Thermometer, denn die tägliche Kontrolle der Temperatur ist wichtig, um die Einhaltung der gewünschten Heizwerte genau im Blick behalten zu können.

Beleuchtung

Die Beleuchtungseinheit unterstützt nicht nur den Pflanzenwuchs, sondern sie sorgt durch die Steuerung über eine Zeitschaltuhr auch für den richtigen Tag-Nacht-Rhythmus im Aquarium. Verschiebbare und idealerweise sogar neigbare LED-Aufsetzleuchten erlauben zudem die Veränderung der Ausleuchtung des Beckens. Verschieben und neigen Sie die Leuchten so lange, bis die Lichtwirkung in Bezug auf die Aquarieneinrichtung und auf die Farben der Bewohner optimal ist.

Kanister-Außenfilter

Sie sind mit verschiedenen Filtermaterialien bestückbar, haben längere Standzeiten als kleine Patronen-Innenfilter und sind deshalb sehr gut für größere oder stärker besetzte Aquarien geeignet. Wichtig sind dicht abkoppelbare Anschlüsse, die die Reinigung und den Austausch von Filtermaterialien ohne größere Wasserplanschereien erlauben.

Innenfilter

Motorpumpenbetriebene Patronen-Innenfilter sorgen in kleineren Becken gleichzeitig für eine leichte Strömung, gute Sauerstoffversorgung und Filterwirkung. Wegen des kleinen Filtervolumens ist die regelmäßige Reinigung besonders wichtig.

Lebenselement Wasser

Für Tiere und Pflanzen im Aquarium ist sauberes Wasser ebenso wichtig wie für uns Menschen saubere Luft. Deshalb ist es nötig, sich mit den Eigenschaften dieses Lebenselixiers auseinanderzusetzen.

Wasser besteht aus verschiedenen Inhaltsstoffen, die auch in Wechselwirkung zueinander treten können.

DER WASSERKREISLAUF

Die wichtigsten im Wasser gelösten organischen Abfallprodukte sind **Ammonium** und **Ammoniak** sowie **Nitrit** und **Nitrat.** Sie entstehen hauptsächlich durch die bakterielle Zersetzung von totem tierischem oder pflanzlichem Material, zum Beispiel von Ausscheidungen, Futterresten, Tierleichen oder Pflanzenresten. Die entsprechenden Bakterien sind immer vorhanden, vermehren sich aber besonders gut im Bodengrund und im Filter. Durch die Bakterientätigkeit im Aquarium werden diese Ausgangsstoffe zu den oben genannten Abbauprodukten in einer **Stoffwechselkette** weiterverarbeitet. Das funktioniert auch in der Natur genauso. Wie in einem Klärwerk produziert eine Bakteriensorte mithilfe von Sauerstoff in einem ersten Schritt das relativ ungiftige Ammonium, das in alkalischem Wasser (pH-Wert > 7, → Seite 44) zum giftigen Ammoniak wird.

In einem weiteren Schritt verarbeiten andere Bakterien das Ammoniak zu dem hochgiftigen Nitrit, das aber bei ausreichender Bakteriendichte mehr oder weniger sofort zu dem nur in höheren Konzentrationen giftigen Nitrat umgebaut wird. Das Nitrat wird im Aquarium nur noch in begrenztem Umfang oder gar nicht weiterverarbeitet und reichert sich deshalb im Aquarium unweigerlich an, wenn es nicht durch einen Teilwasserwechsel immer wieder entfernt wird (→ Seite 60).

Den **Nitrit- und Nitratgehalt** können Sie mit Messstäbchen prüfen (→ Seite 45), wobei Nitrit im eingefahrenen Aquarium nicht nachweisbar und Nitrat nie höher als etwa 50 bis 100 mg/l konzentiert sein sollte. Neben diesen Hauptstoffen entstehen noch für die Fische weniger bedeutsame Abbauprodukte, beispielsweise **Phosphate** und **Gelbstoffe.** Eine Phosphatanreicherung kann aber zu unerwüschtem Algenwachstum führen. Eine funktionierende bakterielle Abbaukette ist wie in der Natur auch im Aquarium unabdingbar wichtig, wenn sich das Aquarienwasser nicht mit der Zeit in eine giftige Jauche verwandeln soll, weil ja stets gefüttert wird und Ausscheidungen

Viele natürliche Gewässer, aus denen unsere Aquarienfische ursprünglich stammen, sind wie dieser tropische Regenwaldbach extrem sauber und ohne messbare Belastung.

anfallen. Daher braucht ein Aquarium immer die unterstützende Wirkung eines Aquarienfilters und des Wasserwechsels.

DIE FILTERWIRKUNG

Ein effektiver Aquarienfilter erfüllt zwar mehrere Funktionen, doch die wichtigste ist die biologische Filterwirkung durch Bakterien im Filter. Diese Wirkung kann sich nur dann entfalten, wenn das Filtermaterial ein Substrat für die Ansiedlung der überaus wichtigen, nützlichen Filterbakterien bietet. Diese Bakterien sind für die Umwandlung von relativ giftigen Stoffen in ungiftige Stoffe verantwortlich. Auch im Filter selbst wandeln sie die im Wasser gelösten schädlichen organischen Abfallprodukte wie Ausscheidungen der Fische und übrig gebliebene Futterreste in weniger schädliche Stoffe um. Wichtig an dieser Stelle ist: Je mehr Filtermaterial als Substrat für die Bakterien zur Verfügung steht, desto besser kann der Filter als biologisches »Klärwerk« arbeiten.

Als mechanisch wirkender Filter entfernt er aber auch im Wasser schwebende Schmutzpartikel aus dem Aquarium und sammelt sie im Filter an. Diese Partikel werden jedoch nicht komplett von den Bakterien zersetzt. Sie müssen durch regelmäßiges Reinigen des Filtermaterials aus dem Wasserkreislauf des Aquariums entfernt werden. Schließlich kann ein Filter auch mithilfe chemisch-physikalisch wirkender Filtermaterialien wie Aktivkohle, Torf oder Zeolith dem Aquarienwasser gelöste und damit unsichtbare Stoffe entziehen oder sie gegen andere, weniger schädliche austauschen (→ Seite 62).

Doch grundsätzlich ist klar: Die normale Aquarienfilterung wandelt Stoffe nur um, ohne sie völlig dem Aquarienwasserkreislauf zu entziehen, oder sie werden im Filtermaterial deponiert. Deshalb bleiben auch bei guter Filterwirkung ein regelmäßiger Teilwasserwechsel (→ Seite 60) und eine regelmäßige Reinigung des Filtermaterials nötig (→ Seite 61).

WASSERHÄRTE UND SÄUREGRAD

Diese beiden Werte sind als Leitungswasserbestandteile weitgehend unabhängig von den organischen Abbauprodukten im Aquarium, jedoch für das Wohlbefinden vieler Tiere und Pflanzen sehr wichtig.

Die Wasserhärte beschreibt den Gehalt an härtebildenden Salzen im Wasser. Als weiches Wasser bezeichnet man Wasser mit nur wenigen Härtebildnern, zum Beispiel Kalk (Kalziumkarbonat). Es gibt zwei wichtige »Härten«: die wichtigere Karbonathärte (KH) und die Gesamthärte (GH), die beide in der Aquaristik in Grad deutscher Härte (°dKH bzw. °dGH) angegeben werden. Bis etwa 8 °dGH bezeichnet man Wasser als weich, bis etwa 16 °dGH als mittelhart und darüber als hart.

ZUSATZWISSEN

Hartes Wasser weich machen
Leitungswasser ist in manchen Regionen für einige Fische und Pflanzen zu hart. Durch Mischen mit kalkarmem Wasser aus der Umkehrosmoseanlage (→ Foto, Seite 62) oder mit Regenwasser, das über Aktivkohle gefiltert wurde, können Sie hartes Wasser weich machen.

Als Faustregel kann gelten, dass Sie mit einem Mischungsverhältnis Regenwasser/Umkehrosmosewasser zu Leitungswasser von 4:1 keinen Fehler machen können. Messen Sie die Wasserhärtewerte vorher und nachher. Achtung! Diese Methode ist nur zur Einstellung der Wasserhärte, nicht des pH-Wertes geeignet!

Fünfgürtelbarben zeigen ihre schönen Farben nur in weichem und leicht saurem Wasser.

Bienengarnelen vertragen auf Dauer keine zu hohen Wassertemperaturen.

Ein für die meisten Fische ideales Aquarienwasser enthält kaum Karbonathärtebildner (um 4 °dKH, aber nicht weniger als 2 °dKH). Es gibt jedoch einige beliebte Aquarienfische, die nur in sehr weichem Wasser gedeihen (→ »Warm- und Weichwasserbecken«, Seite 132), aber relativ wenige, die ausschließlich auf hartes Wasser angewiesen sind (→ Seite 126).

Der Säuregrad (pH-Wert) ist ein wichtiger Wert, weil viele Fische weder besonders saures (und weiches) noch besonders alkalisches (und hartes) Wasser vertragen, andere hingegen genau solche Wasserbedingungen benötigen. Sie können den pH-Wert wie alle anderen Messwerte mit Messstäbchen, aber auch mit anderen Methoden messen. Je nach Säuregrad bezeichnet man Wasser als sauer (pH-Wert unter 7), neutral (pH-Wert um 7) oder alkalisch beziehungsweise basisch (pH-Wert über 7).

Die meisten Fische fühlen sich in leicht saurem bis leicht alkalischem Wasser wohl (pH-Wert zwischen 6 und 8).

Die Karbonathärte, also der Gehalt an gelöster Kohlensäure im Wasser, die unter anderem ein wichtiger Pflanzennährstoff ist, und der Säuregrad (pH-Wert) hängen direkt miteinander zusammen. So wird es möglich, aus den Werten der Karbonathärte und dem pH-Wert den Kohlensäuregehalt im Wasser zu ermitteln, zum Beispiel über Tabellen im Internet.

Die wichtigsten Messwerte für Gesamthärte (GH), Karbonathärte (KH), Nitrit, Nitrat und pH-Wert lassen sich am einfachsten mit Kombi-Messstäbchen messen, die nach Gebrauchsanweisung für eine bestimmte Zeit ins Aquarienwasser getaucht werden.

Mit einer speziellen App können die Werte übrigens auch sehr genau über das Smartphone ausgewertet werden (→ Seite 19).

Geeigneter Bodengrund und schöne Deko

Feinkörniger Quarzkies
Er empfiehlt sich als Pflanzsubstrat für die meisten Aquarientypen und sollte nicht scharfkantig sein.

Heller Sand
Verwenden Sie immer Natursand, der nicht scharfkantig ist. Sand ist wichtig für gründelnde Fische, zum Beispiel für Panzerwelse.

Kleiner, runder Kies
Er eignet sich, um eintönig wirkende Bodengrundflächen natürlicher zu gestalten.

Kokosnuss mit Loch
Sie sieht natürlich aus und gehört
zu den beliebtesten Bruthöhlen für
Welse und Zwergbuntbarsche.

Dunkler Aquariensand
Dunkler Bodengrund hebt die
leuchtenden Farben vieler
Fische schön hervor.

Aquarienwurzeln
Sie bieten Verstecke
und eignen sich zum
Aufbinden von
Aufsitzerpflanzen.

Schwarze Schieferplatten
Sie enthalten keinen Kalk und
lassen sich gut zu Höhlenverste-
cken stapeln.

Depotdünger
Er dient als unterste Boden-
schicht und enthält wichtige
Pflanzennährstoffe.

Kalkhaltiges Lochgestein
Es ist nur für Hartwasserfische wie etwa
Regenbogenfische geeignet, dafür aber
optimal zum Durchschwimmen und für
Felsaufbauten.

Pflanzenpracht im Aquarium

Mit Pflanzen lassen sich nicht nur schöne Wasserlandschaften gestalten, sie sorgen auch für ein stabiles Aquarienmilieu. Viele tierischen Bewohner schätzen Pflanzen, weil sie Schutz bieten und Struktur schaffen.

Das A und O für einen gesunden Pflanzenwuchs im Aquarium ist die Auswahl der richtigen Pflanzen und die Erfüllung ihrer Ansprüche an Bodengrund, Wasser und Licht. In diesem Ratgeber stelle ich Ihnen ausschließlich Pflanzenarten vor, die sich in der Aquaristik schon seit Längerem als vergleichsweise anspruchslos und wuchsfreudig bewährt haben.

BEDÜRFNISSE DER PFLANZEN

Licht: Ausreichende Beleuchtungsbedingungen erreichen Sie für die meisten Aquarienpflanzen am besten durch Tageslicht-LED-Leuchten. Besonders pflanzenfreundlich sind Leuchteinheiten, die erhöhte Rotanteile im Lichtspektrum aufweisen. Bei Aquarien bis 40 cm Beckenhöhe und -tiefe reicht in der Regel eine Leuchteinheit in Beckenlänge, bei tieferen und höheren Becken sind zwei besser. Auch für ein gutes Gedeihen von Pflanzen können eine regelmäßige Beleuchtung und die Dauer der Beleuchtung wichtig sein. Mein Rat dazu: Beleuchten Sie das Aquarium mithilfe einer Zeitschaltuhr täglich etwa 10 bis 12 Stunden.

Wasserwerte: Die meisten Wasserpflanzen bevorzugen relativ weiches und leicht saures Aquarienwasser (→ Seite 44). Fast alle hier vorgestellten Arten sind aber auch mit mittelhartem oder hartem, alkalischem Wasser zufrieden.

Bodengrund und Düngung: Alle im Boden wurzelnden Pflanzen mögen einen gut durchlüfteten Bodengrund. Den bietet am besten ein Sand-Kies-Gemisch in einer Körnung von 1 bis 3 mm. Beim Einrichten des Aquariums sollten Sie zusätzlich einen Langzeit-Depotdünger in den Bodengrund einarbeiten, der für eine Nährstoffversor-

TIPP

Schwer zu bekommen
Hornkraut und Nixkraut sorgen optimal für eine gute Wasserqualität im Aquarium. Sie werden aber leider im Fachhandel kaum angeboten, weil sie recht »zerbrechlich« sind. Sie können sich die Pflanzen jedoch über Aquarienvereine besorgen.

Die richtige Pflanzenauswahl entscheidet darüber, ob intensiv bepflanzte Becken relativ pflegeleicht sind oder sehr aufwendig gepflegt werden müssen.

gung über die Wurzeln der Pflanzen sorgt. Lockern Sie den Bodengrund regelmäßig mit einem Stab auf, damit die Sauerstoffversorgung der Wurzeln dauerhaft gewährleistet ist.

Nährstoffversorgung: In einem Aquarium mit Fischen fallen viele organische Abfallprodukte an, die die Pflanzen über Wurzeln und Blätter aufnehmen. Wichtige Nährstoffe können aber dennoch nach einiger Zeit fehlen und müssen im Boden über Düngertabletten oder -sticks und im Wasser über Wasserpflanzen-Flüssigdünger nachgeliefert werden. Orientieren Sie sich bei den Düngeintervallen an den Herstellerangaben, aber auch am Wuchsverhalten der Pflanzen. Überdüngung ist ebenso schädlich wie der Mangel an Nährstoffen und kann etwa zu übermäßigem Algenwuchs führen (→ Seite 76).

Moose, Stängel- und Schwimmpflanzen

Moose sind in der Regel pflegeleicht, weil sie mit wenig Licht auskommen und nicht eingepflanzt werden. Die **Mooskugeln** (*Aegagropila linnaei,* oben) eignen sich gut für ungeheizte Aquarien und vertragen keine Temperaturen über 26 °C. **Bogormoos** (*Taxiphyllum barbieri,* unten) kann auch aufgebunden kultiviert werden und ist extrem tolerant.

Flutende Stängelpflanzen wie das **Gewöhnliche Hornkraut** (*Ceratophyllum demersum,* oben) und das **Nixkraut** (*Najas conferta,* unten) eignen sich ideal als Erstbepflanzung. Sie wachsen schnell und binden damit gerade in der Anfangsphase überflüssige Nährstoffe im Wasser. Die Stängelpflanzen machen so dem unerwünschten Algenwachstum Konkurrenz. Als Schwimmpflanzen kultiviert, geben sie Schwarmfischen Deckung und Schutz von oben.

Das **Kleine Fettblatt** (*Bacopa monnieri)* ist eine Stängelpflanze, die sich auch für Hartwasserbecken eignet. Wichtig: gute Nährstoffversorgung aus dem Bodengrund und viel Licht.

Der **Brasilianische Wassernabel** (*Hydrocotyle leucocephala*) ist ein optimales und pflegeleichtes Dekoelement, besonders für Weichwasseraquarien. Seine runden Blätter bieten Schutz für Oberflächenfische, wenn sie wie kleine Seerosenblätter an der Oberfläche schwimmen. Die Stängel der Pflanze wachsen quer durch das Aquarium und bieten so eine tolle Optik.

Die **Kardinalslobelle** (*Lobella cardinalis*) ist eine robuste Sumpfpflanze aus der Familie der Glockenblumengewächse, die auch Unterwasserblätter ausbildet und bei genügend Licht weit über die Wasseroberfläche des Aquariums hinauswachsen kann. Ihr Name bezieht sich auf das tiefe Rot der Blätter, das sich aber nur bei stärkerer Beleuchtung so intensiv ausbildet. Schneiden Sie die Stängelpflanze gelegentlich zurück, um mit der Zeit einen schönen buschigen Wuchs zu erhalten.

Ludwigien, insbesondere Hybriden der **Kriechenden Ludwigie** (*Ludwigia repens,* rechts), gehören zu den robustesten Stängelpflanzen. Die schnell wachsenden Pflanzen mögen gern etwas mehr Licht. Man pflanzt sie – wie alle Stängelpflanzen – in Gruppen. Bestand regelmäßig durch Einkürzen und Pflanzen der abgeschnittenen Kronen verjüngen.

Rosetten- und Aufsitzerpflanzen

Rosettenpflanzen wie etwa **Härtels Wasserkelch** (*Cryptocoryne affinis*, oben) und Schwertpflanzen beziehen ihre Nährstoffe hauptsächlich aus dem Bodengrund. Besonders **Blehers Schwertpflanze** (*Echinodorus grisebachii* 'Bleherae', unten) benötigt vor allem eine ausreichende Bodendüngung und wesentlich mehr Licht als Wasserkelche.

Fast alle Wasserkelche aus der Gattung *Cryptocoryne* gedeihen bei relativ wenig Licht, lieben aber konstante Bedingungen und reagieren empfindlich auf Störungen. Sowohl **Wendts Wasserkelch** (*C. wendtii*, oben) als auch **Becketts Wasserkelch** (*C. beckettii,* unten) bilden sehr unterschiedlich aussehende Blätter – je nach Licht- und Kultivierungsbedingungen – aus. Cryptocorynen wachsen vergleichsweise langsam.

Das **Kleine Zwergpfeilkraut** (*Sagittaria subulata* var. *pusilla*) ähnelt auf den ersten Blick der Gewöhnlichen Wasserschraube, bleibt aber kleiner und benötigt etwas mehr Licht. Beide Arten bilden durch Ausläufer schnell dichte Bestände. Sie sollten regelmäßig ausgelichtet werden, wenn Sie auch anderen Pflanzen auf Dauer eine Chance in Ihrem Becken geben wollen.

Die **Gewöhnliche Wasserschraube** (*Vallisneria spiralis*) ist die Aquarienpflanze Nummer eins, sofern sie genügend Licht hat. Sie kommt auch gut in sehr hartem Wasser zurecht.

Das **Zwergspeerblatt** (*Anubias barteri* var. *nana*) ist eine langsam wachsende, aber robuste Aufsitzerpflanze mit geringen Lichtansprüchen. Die gestielten Blätter wachsen entlang eines kriechenden, oberirdisch wachsenden Wurzelstocks (Rhizoms), an dem die Pflanze vorsichtig auf Holz oder Steine aufgebunden wird. Benutzen Sie zum Aufbinden des Zwergspeerblattes schwarzes Garn oder Angelschnur, um die Pflanze bis zum Anwachsen zu fixieren.

Der **Javafarn** (*Microsorum pteropus*) ähnelt als Aufsitzerpflanze in Wuchsform und Ansprüchen dem Zwergspeerblatt, kommt aber mit noch weniger Licht aus. Es existieren verschiedene Zuchtformen, die unterschiedlich große und geformte Blätter haben. Der Javafarn verträgt kein sehr hartes Wasser, ist dafür aber in sehr weichem und saurem Wasser kultivierbar.

Einrichten und Einfahren des Aquariums

Becken, Technik und Einrichtung sind ausgewählt. Nun muss der richtige Standort für das Aquarium gefunden werden. Dann wird es eingerichtet und schließlich in Betrieb genommen.

Der richtige Platz für ein Aquarium ist dort, wo man sich gerne aufhält und in Ruhe das Treiben der Aquarienbewohner beobachten und genießen kann. Allerdings sollte das Becken nie im vollen Sonnenlicht stehen. Es könnte sich sonst sehr schnell aufheizen und veralgen.

EINRICHTEN SCHRITT FÜR SCHRITT

Wenn Sie sich für eine Beckengröße entschieden haben, müssen Sie nun den Materialbedarf für die Einrichtung des geplanten Tier- und Pflanzenbesatzes ermitteln. Konkrete Vorschläge dazu finden Sie auf den Seiten 118 bis 131. Die Art der Einrichtung orientiert sich vor allem an den Bedürfnissen der Tiere, die Sie pflegen möchten. Informieren Sie sich auch in der weiterführenden Fachliteratur.
Bodengrund und Depotdünger: Die benötigten Mengen an Bodengrund und Depotdünger errechnen sich aus der Grundfläche des Aquariums und der Höhe der Bodengrundschichten. Für den Depotdünger ist eine etwa 1 bis 2 cm hohe Schicht ausreichend. Darüber kommt eine

4 bis 5 cm hohe Schicht Bodengrund. Bei den gängigen Aquarien-Standardmaßen 60 x 30 cm und 80 x 35 cm entspricht das 2 oder 3 Liter Depotdünger und 8 oder 12 Liter Bodengrund. Überlegen Sie auch, ob Sie eine mit Wurzeln oder Steinen abgegrenzte Sandzone für gründelnde Fische

Eltern-TIPP

Ungeduld bändigen
Vor allem Kinder möchten aus verständlicher Ungeduld am liebsten sofort nach dem Einrichten des Aquariums Fische oder Krebse einsetzen, ohne das Ende der wichtigen Einfahrphase abzuwarten. Bändigen lässt sich diese Ungeduld sehr gut mit YouTube-Videos über die heiß ersehnten Aquarienbewohner. So können Sie die Vorfreude Ihrer Kinder auf die realen Bewohner sogar noch steigern.

Ein erst kürzlich eingerichtetes Aquarium mit einer Gruppe frisch eingesetzter Blutsalmler.

Dieses Aquarium ist schon länger eingerichtet. Die Pflanzen müssen bald gelichtet werden.

einrichten wollen, denn in diesen Bereich gehört kein anderer Bodengrund.

Deko und Pflanzen: Um den Bedarf an Dekomaterialien und Pflanzen zu ermitteln, fertigen Sie am besten eine Skizze Ihres Wunschaquariums an. Besonders wichtig: Kaufen Sie für den Anfang genügend schnell wachsende Pflanzen ein. Sie sorgen dafür, dass nach der Einrichtung des Beckens der anfängliche Nährstoffüberschuss aufgebraucht wird. Wenn dies nicht geschieht, kann es in der Einfahrphase zu Algenproblemen kommen.

Einrichten und Einfahren: Nach dem Einrichten des Aquariums wird es in Betrieb genommen (→ Seite 56/57). In den ersten Wochen dürfen noch keine Tiere eingesetzt werden, denn die für das Aquarium lebenswichtigen Filterbakterien brauchen mehrere Wochen, um sich zu etablieren. Erst nach zwei bis vier Wochen wird das Aquarium biologisch aktiv.

Dann haben sich ausreichend Bakterienstämme aufgebaut, die giftige Zwischenprodukte des organischen Stoffwechsels abbauen können (→ Seite 44). Setzen Sie auch nach dieser Zeit zunächst nur wenige Tiere ein und füttern Sie sparsam. Zwei Tage nach dem Erstbesatz überprüfen Sie den Nitritgehalt (→ Seite 42) regelmäßig und setzen erst weitere Tiere ein, wenn kein Nitrit mehr nachweisbar ist und damit die gefährliche Einfahrphase überstanden ist. Sie können allerdings die Einfahrphase deutlich verkürzen, wenn Sie teilweise Filtermaterial aus einem bereits eingefahrenen Aquarium in den neuen Filter einbringen. Der Zoofachhandel bietet auch sogenannte »Filterstarter«-Präparate, die in den Filter oder das Aquarienwasser gegeben werden. Aber selbst dann sollte man mit dem Erstbesatz einige Tage warten und den Nitritwert in kurzen Abständen kontrollieren.

Die wichtigsten Einrichtungssteps

Ein Aquarium ist mit wenigen Handgriffen eingerichtet, wenn erst einmal alle Utensilien gekauft und vorbereitet sind. Wichtig ist, dass zwischen Einrichtung und Fischbesatz die Einfahrphase liegt.

Technik installieren

Installieren Sie Heizer und Filter. Den Heizer in der einen Beckenecke anbringen, den Innenfilter bzw. Außenfilterauslauf in der anderen. Außenfilterzu- und -abläufe immer an entgegengesetzten Aquarienseiten installieren. Elektrik noch nicht einstecken!

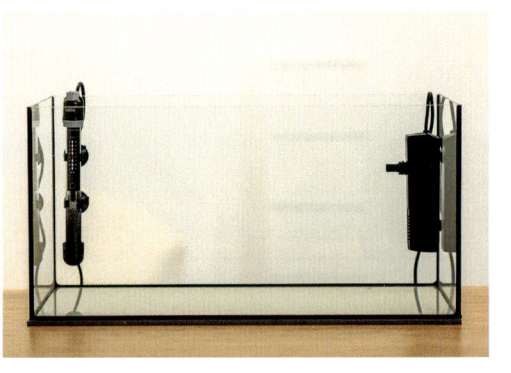

Bodengrund und Deko einbringen

Nun eine 1 bis 2 cm dicke Depotdüngerschicht gleichmäßig auf den Beckenboden auftragen, darüber eine 3 bis 4 cm dicke ungedüngte Bodengrundschicht. Dekoelemente wie Steine, Tonhöhlen und Wurzeln so auf dem Bodengrund platzieren und eindrücken, dass sie stabil liegen und nicht von Tieren untergraben werden können.

Ein Drittel Wasser mit der Gießkanne auffüllen

Damit empfindliche Wasserpflanzen bei der Bepflanzung nicht eintrocknen oder zu stark abknicken, wird das Aquarium vorsichtig zu etwa einem Drittel mit temperiertem Wasser (Zimmertemperatur) aus einer Gießkanne befüllt. Damit der Bodengrund dabei nicht aufwirbelt, stellt man einen tiefen Teller oder eine Glasschüssel ins Becken und achtet beim Befüllen darauf, dass das Wasser nur sehr langsam aufgegossen wird.

Pflanzen einsetzen

Wurzelnde Pflanzen nach Plan in mit den Fingern »vorgebohrte« Löcher einsetzen. Vorher die Pflanzenwurzeln so weit mit einer Schere kappen, dass sie nicht überhängen. Aufsitzerpflanzen mit schwarzem Garn (Baumwolle) auf Dekowurzeln aufbinden und diese in den Grund drücken.

Technische Inbetriebnahme

Nun das Wasser komplett auffüllen, schnell wachsende Schwimmpflanzen einsetzen und die Abdeckung bzw. Abdeckscheibe und Beleuchtung aufsetzen. Anschließend die elektrischen Geräte einstecken und ihre Funktion in den nächsten Tagen überprüfen. Nun beginnt die Einfahrphase, die sich über die nächsten 2 bis 4 Wochen erstreckt.

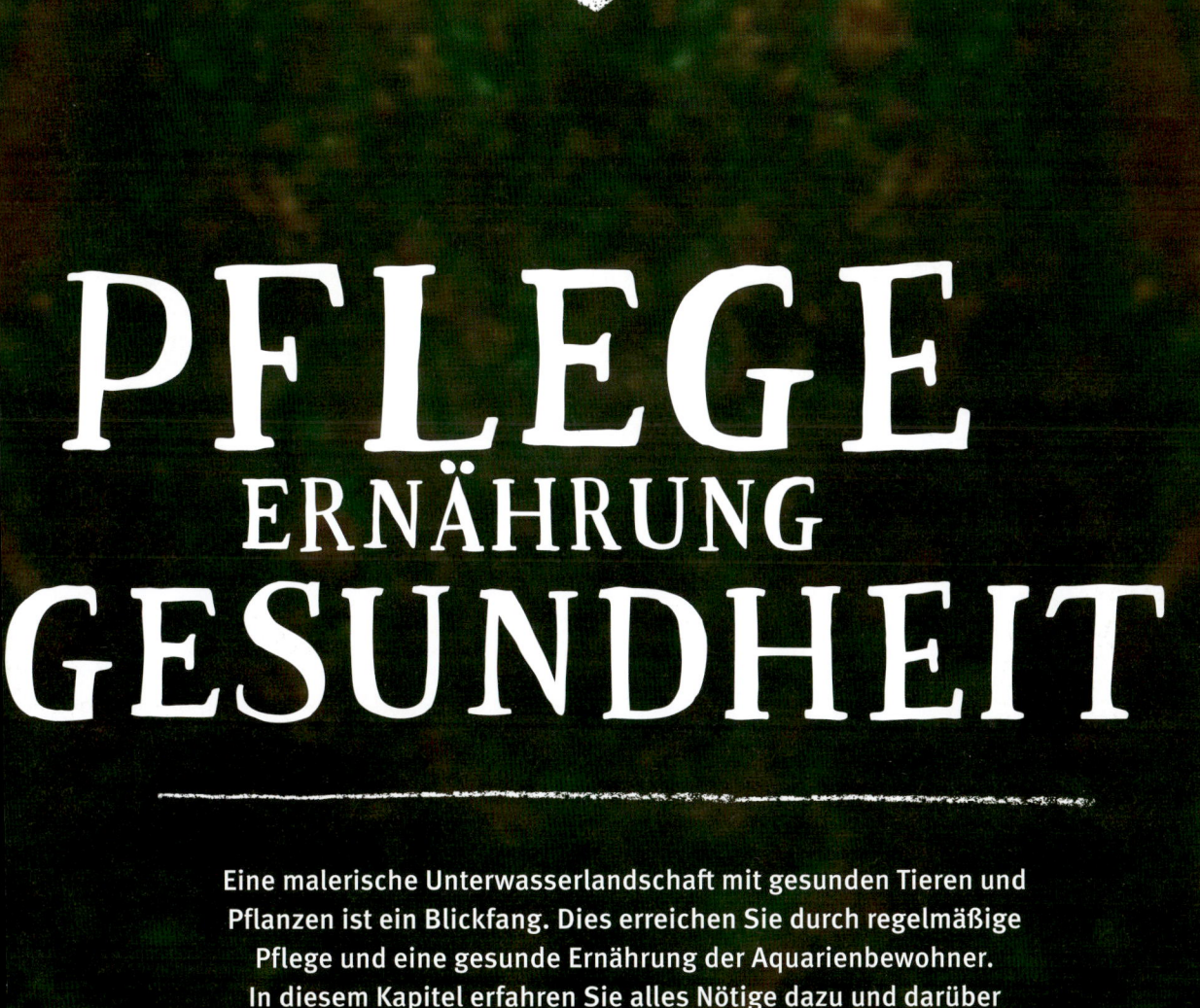

PFLEGE
ERNÄHRUNG
GESUNDHEIT

Eine malerische Unterwasserlandschaft mit gesunden Tieren und Pflanzen ist ein Blickfang. Dies erreichen Sie durch regelmäßige Pflege und eine gesunde Ernährung der Aquarienbewohner. In diesem Kapitel erfahren Sie alles Nötige dazu und darüber hinaus, was im Krankheitsfall zu tun ist.

Das gut gepflegte Aquarium

Die tägliche Kontrolle aller Aquarienbewohner, die Funktionstüchtigkeit der Technik, der regelmäßige Teilwasserwechsel und die Wasserpflege sind die wichtigsten Faktoren für ein gut funktionierendes Aquarium.

GENAU HINSCHAUEN

Beobachten Sie Ihre Aquarienbewohner am besten bei der täglichen Fütterung: Erscheinen alle Tiere zum Fressen, verhalten sich einzelne auffällig anders, oder verstecken sie sich mehr als sonst, weil es Agressionen untereinander gibt (→ Checkliste, Seite 63)?

Filtermaterialien: Filterwatte, Filterschaumstoff, Tonröhrchen und Perlongespinst.

TEILWASSERWECHSEL

»Dreck bleibt Dreck, auch wenn man ihn nicht sieht.« Dieses berühmte Aquarianerzitat beschreibt, dass auch der beste Filter nur die bakterielle Umsetzung von giftigen Stoffwechselprodukten in weniger giftige unterstützt, diese aber nicht endgültig aus dem Aquarium entfernt (→ Seite 43). Deswegen ist der »beste Filter« immer noch der Teilwasserwechsel von etwa einem Drittel des Beckeninhalts pro Woche. Dadurch entfernen Sie auch alle im Wasser gelösten Schadstoffe. Damit der Wasserwechsel regelmäßig gemacht wird, sollte er auf möglichst bequeme Art durchführbar sein (→ Seite 18). Idealerweise befinden sich Abfluss und Wasserhahn in nächster Nähe zum Aquarium, ansonsten heißt es »Wasser schleppen«.

Lassen Sie das Wasser über den Schlauch ab (Ansaugen mit Mund oder Ansaugball aus dem Zoofachhandel) und führen Sie temperiertes Wasser über den Schlauch oder über eine Gießkanne wieder zu. **Achtung!** In manchen Gegenden wird das Leitungswasser gechlort und kann deshalb nicht direkt aus dem Wasserhahn verwendet werden! Es muss vorher in einem geeigneten Behältnis mindestens einen Tag abstehen, oder Sie geben ein entsprechendes Wasseraufbereitungsmittel aus dem Zoofachhandel hinzu.

Weichwasserbecken: Wenn Sie in einem Weichwasserbecken Wasser wechseln, sollten Sie genug weiches Regen- oder Umkehrosmosewasser zur Verfügung haben. Entweder haben Sie die entsprechenden Anteile Wasser schon vorgemischt, oder Sie füllen zunächst temperiertes Leitungswasser und dann Regenwasser bzw. Umkehrosmosewasser ein (→ »Zusatzwissen«, Seite 44). Vor dem Wasserwechsel alle elektrischen Geräte abstellen.

Mulm absaugen: Nutzen Sie bei jedem Wasserwechsel die Chance, mit dem Absaugschlauch Mulm, auf dem Boden liegende Futterreste und gegebenenfalls die Oberfläche eines Hamburger Mattenfilters abzusaugen. Damit keine Fische und kein Bodengrund mit abgesaugt werden, bietet der Zoofachhandel Schlauchvorsatzstücke (»Mulmglocken« → Foto, Seite 62) an.

WEITERE PFLEGEMASSNAHMEN

Filterpflege: Nach der mehrwöchigen Einlaufphase des Filters wird jeweils nur die erste mechanische Filterschicht unter kühlem Wasser ausgespült oder ersetzt, falls sie langsam zerfällt oder sich so zugesetzt hat, dass der Wasserstrom merklich reduziert ist. Die biologischen Filtermaterialien werden nur dann gespült, wenn der freie Wasserfluss auch nach der Reinigung der ersten Filterstufe nicht mehr gewährleistet ist. Wichtig: Filtermaterialien nie mit heißem Wasser spülen – die Bakterien würden sonst abgetötet, und die biologische Filterwirkung wäre dahin.

Dieses Kampffisch-Männchen (Zuchtform Halfmoon-Schleierkampffisch) ist durch gute Aquarienpflege vital und aktiv.

Nur vorübergehend eingesetzte Filtermaterialien wie Torf, Aktivkohle oder Zeolith müssen nach ein bis zwei Wochen Betriebszeit ausgetauscht werden.

Pflanzen- und Bodengrundpflege: Schneiden Sie regelmäßig gelb oder fleckig werdende Pflanzen ab, kürzen Sie Stängelpflanzen ein und lichten Sie Schwimmpflanzen und schnell wachsende Pflanzendickichte aus. Düngen Sie regelmäßig, aber eher sparsam (das erste Mal vier Wochen nach der Neueinrichtung) mit speziellem Wasserpflanzendünger und

Dieses Schlauch-Vorsatzstück verhindert das Ansaugen des Grunds beim Wasserwechsel.

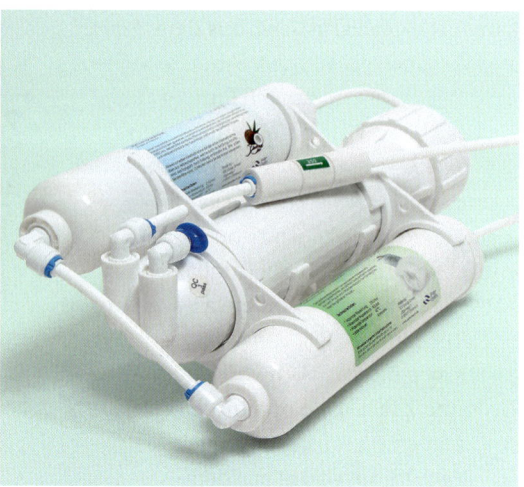

Eine Umkehrosmose-Anlage stellt einfach und kostengünstig entsalztes weiches Wasser her.

nach Bedarf mit Bodengrund-Düngetabletten, vor allem wenn das Wachstum merklich nachlässt oder nur gelbe, blasse Blätter nachgeschoben werden. Lockern Sie mit einem Stöckchen den Bodengrund vorsichtig auf, damit keine sauerstofffreien Faulzonen im Bodengrund entstehen.

Scheiben reinigen: Praktisch und bequem sind schwimmfähige und starke Algenmagnete, die im Aquarium verbleiben. Diese sind allerdings nicht zu empfehlen, wenn Sie Sand im Aquarium haben, weil sich im Reinigungsfilz Sandkörner verfangen, die dann die Aquarienscheiben verkratzen. Verwenden Sie stattdessen grobe Edelstahlwolle aus der Haushaltswarenabteilung, Plastikratzer oder Algenkratzer mit Metallklinge.

Wartung der Technik: Bei Kreiselpumpen verschleißen oder verschmutzen die Keramikachse und das Flügelrad leicht. Verursacht die Pumpe stärkere Geräusche,

muss sie vorsichtig – nach Gebrauchsanweisung – gereinigt und, wenn das nichts hilft, ersetzt werden. Die Lufteinströmöffnungen der Luftheber setzen sich leicht zu. Damit die Luft wieder strömt, müssen sie mit einer kleinen Bürste gereinigt werden.

DIE WASSERQUALITÄT VERBESSERN

Außer dem groben Filterschaumstoff (→ Seite 38) kommen noch weitere Filter- und Wasserpflegematerialien zum Einsatz. Diese werden in Netzbeuteln hinter den ersten Schaumstofflagen im Filter eingebracht, damit sie ihre Wirksamkeit im vorgefilterten Wasser voll entfalten können. Einige wirken als richtige Filter, während andere die Stoffzusammensetzung des Wassers verändern.

Aktivkohle dient dazu, hochmolekulare Schadstoffe, zum Beispiel Pestizide, Medikamente oder Farbstiche, aus dem Aquarienwasser herauszufiltern. Auch Regenwasser zur Weichwasserherstellung sollte vorher über Aktivkohle gefiltert werden, um im Regenwasser gelöste Luftschadstoffe zu entfernen. Aktivkohle ist in Pelletform oder auch in Form von beschichtetem Filterschaumstoff verfügbar und soll nach einer Nutzung von etwa einer Woche entsorgt werden.

Zeolithe sind natürlich vorkommende Gesteine, die gelöste organische Abfallprodukte (Ammonium, Ammoniak, Nitrit, Nitrat und Phosphate) aus dem Aquarienwasser dadurch entfernen, dass sie diese an sich binden. 100 bis 500 g Zeolithbruch pro 100 Liter Aquarienwasser (Gebrauchsanweisung beachten) können schnell Abhilfe bei zu hohen Messwerten der eben genannten Schadstoffe schaffen. Da sie allerdings auch Pflanzennährstoffe binden, eignen sie sich kaum für die dauerhafte Anwendung in Pflanzenaquarien.

Glas-Sinterkeramikröhrchen und Bakteriensubstrate in Kugelform für bestimmte (»denitrifizierende«) Filterbakterien dienen dazu, eine möglichst große Oberfläche für die Bakterien zur Verfügung zu stellen. Diese Filterbakterien können sogar Nitrat aus dem Wasser entfernen (Nitrat → Seite 42). Der Einsatz von Glas-Sinterkeramikröhrchen eignet sich vor allem für schwach besetzte Aquarien, wenn man die Wasserwechselsintervalle erhöhen will. Wichtig ist, dass sie wirklich nur im vorgefilterten Wasser in der letzten Filterstufe eingesetzt werden, da sie sich leicht zusetzen und ihre positiven Eigenschaften einbüßen.

Natürliche Filter- und Pflegemittel, im Grunde altbekannte »Aquarianer-Haus-

AQUARIEN-CHECK

Darauf müssen Sie achten, damit Sie frühzeitig erkennen, wenn etwas im Aquarium schiefläuft:

- ☐ Zeigt kein Aquarienbewohner Krankheitszeichen? Tote Tiere müssen sofort entfernt werden.
- ☐ Fressen alle Tiere normal?
- ☐ Wird kein Fisch unterdrückt oder gestresst?
- ☐ Hat keine Pflanze gelbe oder glasige Blätter?
- ☐ Funktionieren alle technischen Geräte einwandfrei?
- ☐ Stimmt die Wassertemperatur?
- ☐ Ist der Wasserdurchlauf des Filters ausreichend? Gibt es keine Wassertrübung?
- ☐ Wöchentlich vor dem Teilwasserwechsel: Wasserwerte kontrollieren, notieren und vergleichen.

mittel«, finden heute zunehmend auch wieder Verwendung als Wasserpflegemittel. Mit ihnen können nachweislich die Wasserwerte und auch das Wohlbefinden aller Aquarienbewohner auf schonende und natürliche Art positiv beeinflusst werden. Diese empfehlenswerten Naturprodukte vertreiben häufig Kleinunternehmer über das Internet. Eine Auswahl sinnvoller biologischer Pflegemittel finden Sie auf der nachfolgenden Doppelseite.

Die biologische Pflege optimieren

Schwarztorfgranulat
Es wirkt pH-stabilisierend, algen-, pilz- und keimhemmend. Es empfiehlt sich die Anwendung im Filter. Granulat alle 6 bis 8 Wochen austauschen.

Buchenlaub
Das Laub schafft Verstecke, dient als Nahrung für Garnelen und Krebse und stärkt die Immunabwehr. Auf 10 bis 20 Liter Wasser 1 bis 2 Blätter direkt ins Aquarium geben.

Braunes Walnusslaub
Auf 10 bis 20 Liter Wasser 1 Blatt direkt ins Aquarium geben. Viele Laubsorten, zum Beispiel Eichenlaub, sind für die Aquaristik geeignet. Das Laub aber immer nur in kleinen Mengen einsetzen!

Bio-Stroh

Das Stroh ist ein zuverlässiger Algenhemmer. Anwendung im Filter, Austausch nach etwa 14 Tagen.

Heilkraft-Tee

Der Tee aus 8 verschiedenen Kräutern als Wasserzusatz zur Unterstützung medikamentöser Behandlung und zur Eingewöhnung kann Selbstheilungskräfte stärken (ca. 1 EL auf 10 Liter Wasser).

Grünes Walnusslaub

Es hilft bei Hauterkrankungen, Entzündungen und senkt den Keimdruck im Aquarium. Leckerbissen für Garnelen, Krebse und Welse.

Lehm-Düngetaler

Sie werden zur Nachdüngung im Wurzelbereich gezielt für starkzehrende Pflanzen, zum Beispiel Schwertpflanzen, eingesetzt.

Schwarzerlenzäpfchen

Sie senken den pH-Wert effektiv und senken den Keimdruck. 1 Erlenzapfen auf 20 Liter Wasser direkt ins Aquarium legen.

Gesundes Futter und richtige Fütterung

Eine langfristig ausgewogene und gesunde Ernährung ist ein Grundpfeiler für die Gesundheit Ihrer Aquarientiere. Der Zoofachhandel hat für die Bedürfnisse der verschiedenen Arten eine vielfältige Futterauswahl parat.

In ihrer natürlichen Umwelt ist das Nahrungsangebot für tropische Süßwasserfische sehr vielseitig. Doch auch Sie können Ihren Aquarienbewohnern einen abwechslungreichen Speiseplan präsentieren. Der Zoofachhandel bietet heutzutage ein reichhaltiges Angebot an ausgewogenen Basis- und Spezialfuttersorten für alle Fischgruppen an.

TROCKENFUTTER

Das haltbare Trockenfutter gibt es in den unterschiedlichsten Zusammensetzungen und Darreichungsformen, sodass Sie individuell auf die Fressgewohnheiten der einzelnen Fischarten eingehen können. Zum Beispiel gibt es ballaststoffreiche Sorten für raspelnde Harnischwelse, spezielle grünfutterhaltige für Lebendgebärende, Garnelen und Krebse oder besonders proteinhaltige für Räuber und Jungfische.

Granulat- und Flockenfutter eignen sich für fast alle Fischarten und in einer besonderen Zusammensetzung auch für Garnelen und andere Krebstiere als Grund- oder Alleinfutter. Granulatfuttersorten sind individueller anpassbar, denn es gibt sinkendes oder schwebendes Granulat, weiches oder hartes und – wie bei Flockenfutter auch – kleine oder größere Futterpartikelgrößen. Große Granulate heißen Pellets und sind nur für größere Fischarten geeignet. Weil Granulatfutter kompakter zu verpacken und einfacher dosierbar ist, bietet es sich besonders für das Bestücken von Futterautomaten an. **Futtertabletten** eignen sich in der sinkenden Form für die gezielte Fütterung von Bodenfischen, unter anderem von Panzer- und Harnischwelsen, in der haftenden Form auch zur Fütterung von Fischen der mittleren Wasserregion, zum Beispiel von Lebendgebärenden. Futtertabletten zerfallen schnell und bieten so auch bodenbewohnenden Jungfischen Nahrung. Die Tabletten gibt es mit verschiedenen Nahrungsbestandteilen.

FROSTFUTTER

Im Zoofachhandel bekommen Sie das ganze Jahr über verschiedenste Frostfuttersorten. Dabei handelt es sich um gefrostete Futtertiere oder Futtermischungen.

Futtertabletten gibt es in unterschiedlicher Qualität und Rezeptur. Hafttabletten können an die Aquarien-Frontscheibe angeheftet werden und locken alle Fische dorthin.

Tiefgefrorenes Futter bringt Abwechslung in den Speiseplan und ergänzt die Grundversorgung mit Trockenfutter ideal, besonders dann, wenn es sich um Futtersorten handelt, die mit hochwertigen Zusatzbestandteilen, zum Beispiel Omega-3-Fettsäuren, Spirulina-Algen oder Knoblauch, angereichert wurden.
Die wichtigsten Frostfuttersorten sind Rote, Weiße und Schwarze Mückenlarven, Kleinkrebse wie Cyclops-Hüpferlinge, verschiedene Wasserfloharten (Daphnien, Bosmiden und Moina) sowie Artemia-Salzkrebschen in verschiedenen Größen. Frostfutter wird meist in 100-g-Tafeln oder in den deutlich besser zu dosierenden Blisterverpackungen (eine Verpackungsart, bei der das Produkt portioniert ist) verkauft. Mix-Frostfuttersorten für bestimmte Fischgruppen oder Futterziele

sind aus verschiedenen Anteilen gezielt so zusammengestellt, beispielsweise für Buntbarsche des Tanganjika-Sees, oder als Farb-Mix, um die Farbgebung der Fische zu unterstützen. Achten Sie auf die Verpackungsaufschrift. Sie zeigt, welches Futter für welchen Zweck konfektioniert ist. Mix-Futtersorten sind oft mit hochwertigen Zusatzstoffen für ein ausgewogeneres Nährstoffangebot versetzt.

Frostfutter richtig anbieten: Tauen Sie das Frostfutter vor dem Verfüttern auf, am besten in einem Sieb auf einem Becher. So kann überschüssige Flüssigkeit, die das Aquarienwasser belasten würde, abtropfen. Prüfen Sie außerdem, ob das aufgetaute Futter in einem einwandfreien Zustand ist. Das erkennen Sie mit ein wenig Erfahrung an dessen Konsistenz und einer möglichen Verfärbung.

Eltern-TIPP

Feste Fütterungszeiten
Kinder neigen dazu, möglichst oft und möglichst viel zu füttern. Das tut weder den Fischen noch der Wasserqualität des Aquariums gut. Achten Sie darauf, dass Ihre Kinder die Fische mit von Ihnen festgelegten Futterrationen zu festen Fütterungszeiten füttern. Als Nebeneffekt erhält die »Raubtierfütterung« so auch weiterhin ihren Reiz, weil sie nicht immer und zu jeder Zeit verfügbar ist.

LEBENDFUTTER

Einige wenige Fischarten nehmen kein Fertigfutter an, weil es sich nicht bewegt. Für diese Fische, aber auch zur optimalen und abwechslungsreichen Ernährung aller anderen Arten greifen Sie auf Lebendfutter zurück, das der Zoofachhandel anbietet. Lebende Futtertiere haben den Vorteil, dass sie über mehrere Tage im Aquarium weiterleben. Auf diese Weise können Sie etwa während eines Kurzurlaubs die Versorgung mit Nahrung auch für kompliziertere Pfleglinge sicherstellen. Lebendfutter wird gekühlt (!) in kleinen Portionsbeuteln im Zoofachhandel vertrieben. Eine gute Qualität hängt vor allem davon ab, ob die Kühlkette eingehalten wurde. Kaufen Sie Lebendfutter am besten am Tag der Anlieferung in Ihrem Fachgeschäft. Prüfen Sie, ob tatsächlich fast alle Futtertiere am Leben sind. Bei kühlem Heimtransport in der Isoliertasche können lebende Futtertiere über ein bis mehrere Wochen im Kühlschrank aufbewahrt werden.

Die wichtigsten Lebendfuttersorten sind Rote und Weiße Mückenlarven und Artemien, aber auch sogenannte Tubifex-Würmer aus sauberen Gewässern. Letztere sind ein besonders nährstoffreiches Futter, das zum Beispiel von Panzerwelsen über die Maßen gern gefressen wird. Als Alleinfutter sind Tubifex auf Dauer allerdings zu reichhaltig. Die Würmer dürfen nur gelegentlich oder als Belohnung beim Konditionieren verfüttert werden.

FRISCHES GRÜNFUTTER

Fast alle Fische, zum Beispiel Harnischwelse, Barben, Lebendgebärende und auch

Besonders nützlich in der Einfahrphase: Die Amano-Garnele ist ein guter Fadenalgenfresser.

Blaue Antennenwelse sind die besten Allround-Algenfresser für alle größeren Aquarien.

Krebstiere benötigen ballaststoffreiches Futter, das entweder als Trockenfutter oder frisch verabreicht werden kann. Verfüttern Sie beispielsweise schadstofffreie, kurz überbrühte Zucchinischeiben, Brokkoli in Bio-Qualität oder auch Löwenzahn oder Vogelmiere. Probieren Sie es einfach aus. Entfernen Sie übrig gebliebenes Grünfutter nach einem Tag.

FUTTERQUALITÄT SICHERN

Sowohl bei Trocken- als auch bei Frostfutter gibt es erhebliche Qualitätsunterschiede, die für den Einsteiger in die Aquaristik nicht einfach zu erkennen sind. Daher mein Tipp: Greifen Sie auf die Empfehlungen erfahrener Aquarianer zurück, die häufig ihr Wissen im Internet verbreiten. Um die Qualität eines hochwertigen Trockenfutters auch zu erhalten, nachdem Sie die Schutzfolie abgezogen haben,

sollten Sie es immer in einem verschlossenen Gefäß im Kühlschrank aufbewahren.

DIE FÜTTERUNG

Füttern Sie ein- bis zweimal am Tag abwechslungsreiche Sorten, die den verschiedenen Fischarten im Aquarium gerecht werden. Der Artenteil (→ ab Seite 94) und die Aquarienbeschreibungen (→ ab Seite 120) bieten hier Orientierung. Für gierig fressende Arten sollte nie mehr gefüttert werden, als in ein bis zwei Minuten gefressen wird. Versteckt lebende Welse oder besonders scheue Arten benötigen oft eine gezielte Fütterung an ihrem Rückzugsort. Oder sie werden bei abgeschaltetem Licht gefüttert, wenn die anderen Arten schlafen. Moderne Futterautomaten sind eine zuverlässige Hilfe, vor allem, wenn man unregelmäßig zu Hause ist, nachts füttern will oder im Urlaub ist.

Die verschiedenen Futtersorten

Grünfutter
Frischkost wie etwa Brokkoli
und Salat sind besonders für
Harnischwelse wichtig.

Garnelenmix
Knabberkost für
Garnelen und Krebse.

Futtertabletten
Sie sind das ideale Futter für alle Bodenbewohner, beispielsweise Panzerwelse,
oder als Hafttabletten auch für Bewohner
der mittleren Wasserschichten.

Frostfutter
Hochwertiges Frostfutter in
Würfelform ist ein gleichwertiger
Ersatz für Lebendfutter.

Harte Futter-»Wafer«
Ballaststoffreiches Futter
zum Raspeln für Har-
nischwelse & Co.

Lebendfutter
Gezüchtete Rote
Mückenlarven sind
ein besonders
hochwertiges und
attraktives Futter.

Trockenfutter-Pellets
Sie sind vor allem für
größere Fische geeignet.

Flockenfutter
In verschiedenen Größen wird es von fast allen
Fischen gern angenommen. Es zersetzt sich
aber schnell. Alternative: Granulatfutter.

Auf Entdeckertour: Rund ums Füttern

Umgang mit Dauerfressern

Garnelen und auch Zwergflusskrebse haben besondere Futteransprüche, weil sie nicht wie die meisten Fische satt gefüttert werden können. Wer sie aufmerksam beobachtet, erkennt, dass ihre kleinen Scherenbeinchen ständig in Bewegung sind, wobei sie mit ihren Minischeren unablässig Futterpartikel aufsammeln und diese zur Maulöffnung führen. Deswegen brauchen sie etwa Algenrasen auf Steinen, Laub oder Garnelenmix, weil diese Futtersorten über längere Zeiträume Minipartikel als Nahrung zur Verfügung stellen.

Der richtige Platz zum Füttern

Dieser Schmetterlingsbuntbarsch nimmt gerade Nahrung vom Bodengrund auf. Fast alle Aquarienbewohner haben eine bevorzugte Region, in der sie nach Nahrung suchen. Manche sind sogar darauf angewiesen, gezielt dort gefüttert zu werden, weil sie gar nicht in andere Beckenregionen gelangen. Deshalt müssen Sie zum Beispiel Flossensauger und Harnischwelse mit Futter füttern, das auf den Boden fällt, beispielsweise mit Futtertabletten. Oberfächenbewohner, etwa Spritzsalmler, dagegen am besten mit Futter, das auf oder unter der Wasseroberfläche schwimmt, füttern.

Algenfresser gezielt einsetzen

Je nach Beckengröße kommen verschiedene algenfressende Tiere infrage, um das Algenwachstum in Schach zu halten: Für kleine Aquarien eignen sich Rennschnecken und Ohrgitterharnischwelse, für größere Harnischwelse. Amano-Garnelen fressen auch Fadenalgen. Nur gegen Blaualgen kommt kein Algenfresser an.

Eltern-TIPP

Leckerli auch für Fische

Mit einem Aquarienkäscher lassen sich aus Gräben oder Gartenteichen Mückenlarven und Wasserflöhe fangen. Die Menge reicht zwar kaum für eine vollwertige Fischmahlzeit aus, aber Kinder lieben es, die selbst gefangenen Futtertiere an die Aquarienbewohner zu verfüttern. Bei dieser Gelegenheit lernen sie auch gleich, welche interessanten (Futter-)Tiere unter der Wasseroberfläche direkt vor ihrer Haustür leben.

Handfütterung macht Spaß

Fische lernen schnell, Futter aus der Hand zu nehmen. Auch wenn man dabei nass wird, macht das viel Spaß, wenn man die kleinen Fischmäuler an seinen Fingern spürt. Handfütterung kann auch gezielt eingesetzt werden, um zum Beispiel bestimmtes Futter an die Versteckplätze von nachtaktiven oder unterdrückten Fischen zu platzieren, damit es nicht von anderen weggefressen wird.

Gesundheitsvorsorge und Krankheiten

Wenn Sie gesunde Fische gekauft haben und die Pflegeansprüche Ihrer Aquarienbewohner kennen, kann eigentlich nicht viel schiefgehen. Die meisten Krankheiten entstehen durch Pflegefehler.

Kleine Pflegefehler »verzeihen« manche robuste Fisch- und Krebstierarten durchaus einmal – vorausgesetzt, sie werden rechtzeitig bemerkt und korrigiert. Schlechte Bedingungen über einen längeren Zeitraum verschlechtern jedoch die Immunabwehr der Aquarienbewohner. Das wiederum führt zu einer höheren Anfälligkeit für Infektionskrankheiten, deren Keime zwar oft schon vorher im Aquarium waren, die aber bei guten Pflegebedingungen keine Chance hatten. Schlechte Pflegebedingungen können aber auch zu Vergiftungen führen.

TIPP

Quarantänestation
Wirksam, aber aufwendig: Setzen Sie neu gekaufte Tiere für zwei Wochen in ein separates eingefahrenes Quarantäne-Aquarium. Entwickeln sich keine Krankheitssymptome, können Sie sie in das Hauptbecken übersiedeln.

VERGIFTUNGEN

Vergiftungen durch Chlor, Pestizide oder Schwermetalle aus dem Leitungswasser können Vergiftungserscheinungen bei Aquarienfischen auslösen. Aber auch Vergiftungen durch Pflegefehler, die langsam oder schlagartig zu einer Anreicherung von giftigen Stoffwechselprodukten wie Nitrit, Ammoniak oder Nitrat (→ Seite 42) führen, können für Krankheitssymptome verantwortlich sein. Vergiftungen lassen sich an folgenden Symptomen, die einzeln oder in Kombination auftreten können, erkennen.

Atemprobleme: Die Fische »hängen« schwer atmend unter der Wasseroberfläche. Dies kann natürlich an einer mangelnden Sauerstoffversorgung liegen, aber auch daran, dass die Atmung der Fische trotz ausreichendem Sauerstoffangebot aufgrund einer Vergiftung nicht mehr gut funktioniert.

Schreckhaftigkeit: Auch das Umherschießen der Fische und Krebstiere im Becken kann Vergiftungen anzeigen. Die Tiere schwimmen oder krabbeln nicht ruhig, sondern reagieren panikartig mit ruckartigen, unkoordinierten Bewegungen.

Diese jungen Sterbas Panzerwelse sind gesund und aktiv. Die beste Vorsorge gegen Fischkrankheiten sind eine optimale Wasserpflege und abwechslungsreiche Fütterung.

Ungewöhnliche Verfärbung: Nicht nur eine auffällige Blässe, sondern auch übermäßige Farbigkeit kann auf Vergiftungen hinweisen. Verwechseln Sie aber nicht zum Beispiel das Anlegen eines farbigen Balzkleides mit einer Vergiftung. Normalerweise treten neben der Farbigkeit noch weitere Vergiftungssymptome auf.

Apathie: Eine vergiftungsbedingte Apathie ist oft verbunden mit taumelnden Bewegungen der Fische, die auf eine eingeschränkte Nervenfunktion hinweisen.

Was Sie tun können: Leitungswasservergiftungen durch Chlor (»Schwimmbadgeruch«) können Sie durch starke Belüftung mit Ausströmersteinen entfernen, weil sich Chlor dabei aus dem Wasser verflüchtigt. Falls Sie entdecken, dass Sie kupfer- oder bleihaltige Leitungswasserrohre im Haus haben oder ein Leitungswasserzusatz in

STRESS-CHECK

Meist sind Pflegefehler schuld daran, dass Fische massiv unter Stress stehen. Hier einige mögliche Stress-Auslöser:

- ☐ Zu viel Unruhe vor dem Aquarium, etwa weil es in einem sehr belebten Raum steht.
- ☐ Häufige Erschütterungen, etwa durch Klopfen an der Scheibe.
- ☐ Ständige Umgestaltung des Aquariums.
- ☐ Zu grelle Beleuchtung in Kombination mit hellem Bodengrund. Die Tiere fühlen sich ungeschützt.
- ☐ Zu wenig Verstecke.
- ☐ Falsche Vergesellschaftung, etwa zurückhaltende und scheue Arten mit temperamentvollen Arten.
- ☐ Dominanz und Unterdrückung einzelner Tiere, besonders nach der Gründung von Balz- oder Brutrevieren.

das Leitungswasser eingespeist wird, dürfen Sie aus diesem Leitungssystem kein Wasser mehr für Ihr Aquarium verwenden. Wenn die Vergiftungen durch Anreicherung von Stoffwechselprodukten entstanden sind (Wasserwerte überprüfen!), wirken Sie dem durch einen massiven Teilwasserwechsel und Filterung über Aktivkohle und Zeolith entgegen und beheben die Ursache. Mögliche Ursachen können zum Beispiel ein nicht funktionierender Filter, große Mengen gammelnder Futterreste, unentdeckte Tierleichen oder massiver Überbesatz sein.

ALGENPROBLEME

Wenige Algen machen noch keine Algenplage aus, im Gegenteil, ein zurückhaltender Algenbewuchs zeigt ein durchaus gesundes Aquarienklima an. Viele Tiere, zum Beispiel Garnelen, Harnischwelse und Barben, weiden gerne kleine Algenzonen ab. Ein ausuferndes Algenwachstum, bei dem grüne, rote oder bräunliche Überzüge Pflanzen, Bodengrund und Deko flächendeckend besiedeln, schmälert jedoch nicht nur die Freude am Aquarium, weil es nicht schön aussieht, sondern kann auch Pflegefehler anzeigen.

Leider lassen sich die verschiedenen Algenplagen in Ursache und Wirkung nicht über einen Kamm scheren.

Schmieralgenplage: Blau- oder Schmieralgen sind eigentlich schnell wachsende Bakterien und keine Algen. Sie erscheinen zunächst wie aus dem Nichts als kleine Flecken von dunkelgrüner, rötlicher oder blaugrüner Farbe auf dem Bodengrund, auf Deko und Pflanzen.

Schnell weiten sich befallene Areale aus, bis schließlich große Flächen im Aquarium mit einem Bakterienteppich überzogen sind. Die Schmieralgenplage ist oft von einem modrigen Geruch begleitet. Leider lässt sich nicht immer herausfinden, warum es zu einer Blaualgenplage kommt, und entsprechend schwierig ist dann ihre Bekämpfung.

In der Praxis hat es sich bewährt, möglichst früh und häufig alle Schmieralgenflecken und -teppiche mit einem Schlauch vorsichtig abzusaugen. Achten Sie darauf, dass dabei nur wenige Partikel im Aquarium verteilt werden. Das abgesaugte Wasser muss durch frisches ersetzt werden. Gleichzeitig sollten Sie die Aquarienbeleuchtung so lange abschalten, bis hoffentlich nach einigen Tagen keine neuen Flecken entstehen. Sollte es jedoch Wochen dauern, beleuchten Sie weiter normal. Füttern Sie in dieser Zeit nur sparsam. Optimieren Sie die Wasser- und Bodengrundpflege, beispielsweise durch Zeolithfilterung, einen Oxydator aus dem Zoofachhandel, den Einsatz von schnell wachsenden Schwimmpflanzen (zum Beispiel Hornkraut) und vorsichtiges Auflockern des Bodengrundes. Meistens vergeht dann die Blaualgenplage so unerklärlich, wie sie aufgetreten ist.

Grüne Fadenalgen: Sie treten oft nach der Neueinrichtung des Beckens auf, besonders in stark beleuchteten Aquarien. Der Einsatz von schnell wachsenden Wasserpflanzen (Hornkraut) und auch Fadenalgen fressenden Amano-Garnelen sowie manuelles Entfernen durch Aufwickeln auf Holzstäbchen bekämpfen die Fadenalgen. Die Ursachen liegen vor allem darin, dass sich zu viele Nährstoffe im Aquarienwasser befinden. Deshalb sollten Sie zunächst nicht mehr düngen. Optimale Wasserpflege, sparsames Füttern und regelmäßige Wasserwechsel wirken der Ausbreitung von Fadenalgen entgegen.

Pinselalgen: Sie wachsen in samtartigen Büscheln auf Deko und Pflanzen und werden von kaum einer Fisch- oder Garnelenart angetastet. Pinselalgen zeigen eine hohe Nährstoffbelastung mit Phosphaten an, die durch Überfütterung oder durch Phosphatdepots im ungepflegten

Bodengrund entstehen kann. Sanieren Sie den Bodengrund, indem Sie ihn teilweise austauschen, und optimieren Sie Wasserpflege und Fütterung. Pinselalgen lassen sich nur schwer entfernen.

Schneckenplage: Manchmal vermehren sich Schnecken so stark, dass sie zu einer Plage werden und zum Beispiel keine jungen Wasserpflanzentriebe mehr aufkommen lassen. Schneckenplagen deuten immer auf ein Nährstoffüberangebot durch Überfütterung hin. Wenige Schnecken sind jedoch nie schädlich und helfen eher, ein optimales Aquarienklima herzustellen, weil sie Futterreste fressen. Schnecken sollten deshalb nicht komplett ausgemerzt werden. Entfernen Sie aber überzählige Schnecken manuell oder durch den Einsatz von sogenannten Schneckenfallen aus dem Zoofachhandel. Achten Sie darauf, nicht zu viel zu füttern.

Der Schmetterlingsbuntbarsch fühlt sich im Pflanzendickicht geschützt und sicher.

Die häufigsten Krankheiten

Es gibt eine Vielzahl verschiedener Fischkrankheiten, von denen manche nur bestimmte Fischgruppen betreffen. Die häufigsten Krankheiten mit Therapievorschlägen finden Sie hier beschrieben.

Kranke Fische verhalten sich apathisch, oft verweigern sie die Futteraufnahme ganz oder schnappen Futterpartikel, spucken sie aber wieder aus. Fische, die schon länger krank sind, magern sichtbar ab und zeigen oft nicht mehr die Farben, die sie einmal hatten. Diese unspezifischen Anzeichen können aber auch auf eine Vergiftung

WICHTIG

Notfall-Apotheke
Um nicht an Wochenenden in Verlegenheit zu geraten, sollten Sie die wichtigsten Medikamente aus dem Zoofachhandel vorrätig haben: ein Medikament gegen die häufige Weißpünktchenkrankheit, eines gegen Haut- und Kiemenwürmer, Jod- und zusatzfreies Kochsalz (NaCl) sowie Nelkenöl aus der Apotheke (zum Töten eines unheilbar kranken Fisches).

hinweisen (→ Seite 74). Liegt keine Vergiftung vor, leiden Ihre Fische wahrscheinlich an einer Infektionskrankheit.

KRANKHEITEN UND WAS SIE DAGEGEN TUN KÖNNEN

Einige der häufigsten Fischkrankheiten kann man auch ohne tiermedizinische Kenntnisse an den typischen Symptomen erkennen und erfolgreich therapieren (→ »Zusatzwissen«, Seite 80).

Weißpünktchenkrankheit

Die Weißpünktchenkrankheit oder Ichthyo wird durch einzellige Hautparasiten (*Ichthyophthirius multifiliis*) hervorgerufen (→ Foto, Seite 81).
Symptome: Man erkennt sie an den weißen, maximal 1,5 mm großen Pünktchen, die über den gesamten Körper verteilt sein können, sowie an heftigen Atembewegungen und häufigem Scheuern.
Behandlung: Für diese häufig durch neu eingebrachte Fische hervorgerufene Krankheit bietet der Zoofachhandel eine Vielzahl verschiedener empfehlenswerter Medikamente an.

Die in der Gebrauchsanweisung angegebene Anwendung und Therapiezeit müssen unbedingt exakt eingehalten werden, da es sonst über Dauerstadien des Parasiten schnell zu einer Neuinfektion kommt. Leider tritt seit wenigen Jahren eine schwieriger zu behandelnde Form der Weißpünktchenkrankheit auf. Manche Fischarten vertragen bestimmte Medikamente schlecht und entwickeln zum Beispiel rot unterlaufene Flossenansätze. Setzen Sie in diesem Fall das Medikament sofort ab, wechseln Sie großzügig einen Teil des Aquarienwassers und versuchen Sie es mit einem Medikament auf einer anderen Wirkstoffbasis.

Gabelschwanz-Schachbrettcichliden erkranken leicht, wenn sie auf Dauer in zu hartem Wasser gehalten werden.

Fischtuberkulose

Die bakteriellen Krankheitserreger sind fast immer im Aquarium vorhanden. Die Krankheit kommt jedoch erst zum Ausbruch, wenn mehrere ungünstige Faktoren zusammentreffen.

Symptome: Die wichtigsten Krankheitsanzeichen sind ein aufgeblähter Bauch, abstehende Schuppen, »Glotzaugen« (→ Foto, Seite 81) und zum Teil zerfranste und eingekürzte Flossen mit oder ohne weißlichen Belag.

Behandlung: Betroffene Fische sofort in einem separaten Becken isolieren und mit Breitbandantibiotika (verschreibungspflichtig!) behandeln. Auf den Einsatz von Antibiotika im Hauptbecken sollten Sie aber verzichten, sondern stattdessen die Pflegebedingungen verbessern. Bei starkem Befall und fortgeschrittenen Symptomen sollten Sie alle Fische töten (→ Seite 80), das Aquarium ausräumen und Becken, Technik sowie Zubehör mit einem tuberkuloziden Mittel desinfizieren.

Achtung: Fischtuberkulose ist über offene Wunden auf den Menschen übertragbar. Deshalb beim Hantieren unbedingt Gummihandschuhe tragen!

Kiemen- oder Hautwürmer

Ursache sind auf Haut, Flossen und unter den Kiemendeckeln schmarotzende, mikroskopisch kleine Würmer der Gattungen *Gyrodactylus* und *Dactylogyrus*. Der eigentliche Nachweis gelingt aber nur unter dem Mikroskop durch den Tierarzt.

Symptome: Man erkennt einen Befall vor allem durch heftige Atembewegungen sowie starke und häufige Schluckbewegungen ohne Futteraufnahme und Scheuern.

Behandlung: Kiemen- und Hautwürmer lassen sich sehr gut mit einschlägigen Medikamenten aus dem Zoofachhandel behandeln oder, bei geringem Befall, im Salzbad bekämpfen. Dazu setzen Sie die erkrankten Fische in einen Eimer mit

Wasser und geben etwa 15 Gramm jodfreies (!) Salz dazu.

Wenn Sie bei den Fischen schaukelnde Bewegungen beobachten, nehmen Sie sie umgehend wieder heraus, ansonsten reicht eine Behandlungszeit von 15 Minuten.

Verpilzungen

Pilzerkrankungen bei Fischen und Krebstieren erkennt man an watteartigen Belägen in der Maulregion, an Flossenrändern und auf Wunden, meistens hervorgerufen durch *Saprolegnia*-Pilze. Sie treten oft nach Verletzungen und gleichzeitiger Verschlechterung der Lebensbedingungen auf. **Behandlung:** Im Fachhandel gibt es sehr gute wirksame Medikamente. Gegebenenfalls sollten Sie die Pflegebedingungen verbessern.

Goldstaubkrankheit (»Oodinium«)

Wie bei der Weißpünktchenkrankheit sind die Erreger einzellige Hautparasiten, die aber so klein sind, dass die einzelnen Pünktchen mit etwa 0,3 mm Größe eher wie ein weißer oder goldener Staubbelag erscheinen. Es werden die Flossen und später der ganze Körper befallen. Die Fische scheuern sich.

Behandlung: In mittelhartem und hartem Wasser mit Medikamenten aus dem Zoofachhandel. In Weichwasser-Aquarien behandelt man mit Kochsalzzugabe (2 bis 4 Teelöffel jod- und zusatzfreies Salz auf 10 Liter Wasser). Klingt die Krankheit ab, wechselt man den größten Teil des Wassers, um die Salzkonzentration zu senken.

Fische töten

Fische dürfen nur nach Betäubung getötet werden. Verwenden Sie dazu Nelkenöl aus der Apotheke. Alle Fische in einen Eimer mit 2 Liter Wasser setzen und 10 Tropfen Nelkenöl dazugeben, um die Fische zu betäuben. Durch die Zugabe weiterer 50 Tropfen werden die Fische getötet. Die Kiemen dürfen sich nicht mehr bewegen. Ansonsten Nelkenöldosis erhöhen. Begraben Sie tote Fische im Garten oder entsorgen Sie sie im Hausmüll.

ZUSATZWISSEN

Diagnose unklar

Meist kann man selbst keine genaue Diagnose seiner erkrankten Fische stellen. Gibt es in Ihrer Nähe keinen Tierarzt, der auf Fischkrankheiten spezialisiert ist, können Sie einen erkrankten oder frisch verstorbenen Fisch an einen Fachtierarzt schicken. Adressen finden Sie im Internet unter dem Stichwort »Fischgesundheitsdienst«. Den kranken Fisch in einen doppelt genommenen Fischtransportbeutel setzen und ihn in eine mit Styropor isolierte Transportkiste packen. Tote Fische tiefgekühlt auf Eis verschicken. Auch ein Aquarienverein kann Ihnen eventuell weiterhelfen.

Glotzaugen

Sie werden oft durch Bauchwassersucht (Fischtuberkulose) verursacht. Diese Krankheit treibt den Körper auf, lässt die Schuppen abstehen, schädigt die Flossen und verursacht »Glotzaugen«. Die Bauchwassersucht ist unheilbar, sodass die erkrankten Tiere tierschutzgerecht getötet werden müssen.

Weißpünktchenkrankheit (Ichthyo)

Es sind maximal 1,5 mm große weiße, kugelförmige Pünktchen über den Körper verteilt. Oft scheuern sich die Fische, atmen heftig, und die Flossen sind zerfranst. Für diese sehr häufige und ansteckende Fischkrankheit gibt es gute Medikamente im Zoofachhandel. Halten Sie unbedingt die auf der Gebrauchsanweisung angegebene Dosierung und die Behandlungsdauer ein, selbst wenn keine Pünktchen mehr zu sehen sind.

Bakterielle Flossenfäule

Ausgefranste Flossen, manchmal mit blutigen Stellen an der Flossenbasis, werden oft durch schlechte Pflegebedingungen verursacht, die zu einem Ausbruch der Flossenfäule führen. Deshalb müssen parallel zu einer Behandlung mit Antibiotika (verschreibungspflichtig vom Tierarzt) oder in leichteren Fällen mit Medikamenten aus dem Zoofachhandel unbedingt die Pflegebedingungen überprüft und optimiert werden.

FISCHE
VERMEHREN UND
AUFZIEHEN

Fische sind interessante Lebewesen. Es ist ein Erlebnis der besonderen Art, ihre unterschiedlichen Balzrituale und ihr – zum Teil außergewöhnliches – Brutpflegeverhalten zu beobachten. Viel Freude bereitet es auch, die frisch geschlüpften oder gar lebend geborenen Jungtiere aufwachsen zu sehen.

Die Balz und das Ablaichen

Die etwa 30.000 Fischarten auf der Erde haben sehr unterschiedliche, zum Teil ausgesprochen spektakuläre Fortpflanzungsstrategien entwickelt, die sich teilweise auch im Aquarium beobachten lassen.

Zur Fortpflanzung gehört nicht nur die Befruchtung und Eiablage, sondern auch das Balzverhalten zur Werbung und Einstimmung der Partner. In vielen Fällen kommt auch noch eine aufwendige Brutpflege, die sich über Wochen hinziehen kann, hinzu. Manche Fische gebären sogar lebende Jungfische, die – ähnlich wie bei Säugetieren – vorher im Körper der Weibchen über eine Art Nabelschnur ernährt werden. Über diese außergewöhnlichen Verhaltensweisen können Sie nicht nur lesen, sondern sie auch beobachten. Alle vorab genannten Fortpflanzungsweisen

lassen sich tatsächlich im Aquarium an mindestens einer der verschiedenen Fischarten, die in diesem Ratgeber im Artenteil ab Seite 94 aufgeführt sind, beobachten. Die Fortpflanzung im Aquarium funktioniert deshalb, weil viele Arten – bei guter Pflege – ihre natürlichen Verhaltensweisen auch in diesem begrenzten Lebensraum zeigen. Einige Arten pflanzen sich sogar ohne unser Zutun in Gesellschaft anderer Arten erfolgreich fort. Bei anderen müssen erst besondere Bedingungen für das Ablaichen, die erfolgreiche Entwicklung der Eier und die Aufzucht der Jungfische geschaffen werden. Die Fortpflanzungszeit ist oft an das Kommen und Gehen der tropischen und subtropischen Jahreszeiten gekoppelt. Im Aquarium balzen die meisten Arten aber das ganze Jahr über.

PARTNER GESUCHT

Bei den meisten Fischarten wählen beide Geschlechter ihre Fortpflanzungspartner aus. Für diese Auswahl beurteilen sie den potenziellen Partner oft nach Kriterien, die bei der Balz, der »Brautwerbung«, beson-

TIPP

Spannende Lektüre
Es ist unglaublich, welche Vielfalt an Fortpflanzungsweisen sich bei den verschiedenen Fischarten entwickelt hat, und auch, dass es über fast alle Arten interessante Informationen gibt. Viele Arten lassen sich auch im Aquarium züchten!

Bei den Afrikanischen Prachtbuntbarschen – im Foto die seltene Weichwasserart *Nanochromis transvestitus* – balzen die bunteren Weibchen mit knallrotem Bauch vor den Männchen.

ders deutlich unterstrichen werden. Meist werben die Männchen in buntester Färbung und aufwendigem Balzverhalten vor den eher unscheinbaren Weibchen. Es gibt aber auch Arten, bei denen hauptsächlich die Weibchen werben, wie etwa beim Purpurprachtbuntbarsch. Im Aquarium kann es bereits während der Balz zur Ausbildung von Revieren kommen, die vorübergehend oder auch während der

anschließenden Brutpflege vehement gegen vermeintliche oder echte Feinde und Konkurrenten verteidigt werden. Schon in dieser Phase kommt es im Aquarium oft zu Konkurrenzverhalten und Problemen. Bis auf wenige Ausnahmen verstreuen die meisten Fischweibchen nach erfolgreicher Balz ihre Eier direkt im Freiwasser (Freilaicher) oder legen sie auf einer Unterlage ab (Substratlaicher).

Dieses Kampffisch-Pärchen paart sich gerade unter dem vom Männchen errichteten Schaumnest.

Anschließend oder gleichzeitig werden die Eier vom Männchen besamt. Nur wenige Arten wie beispielsweise Guppys, Platys oder Schwertträger sind lebendgebärend.

EIER UND LARVEN

Aus den Eiern schlüpfen winzige Fischlarven. Statt einzelner Flossen haben sie einen Flossensaum und relativ große Augen und Mäuler. In den ersten Lebenstagen zehren die Larven von einem Dottersack (→ Foto, Seite 89).

Erst wenn der Dottersack fast vollständig aufgebraucht ist, sind die Larven der meisten Fische in der Lage, frei im Wasser zu schwimmen und Nahrung aufzunehmen. Von nun an wachsen sie kontinuierlich, sofern sie genügend Futter bekommen. Die Eier und Larven der meisten Arten, die keine Brutpflege betreiben, sind wesentlich kleiner und zahlreicher als die der brutpflegenden Arten. Wegen der entsprechend kleineren Maulspalte glückt die Aufzucht dieser Arten im Gesellschaftsbecken nur selten ohne weiteres Zutun. Die Larven der Arten, die eine lange Zeit Brutpflege betreiben, etwa der Cichliden, sind dagegen genau wie die der Lebendgebärenden recht groß und lassen sich im Aquarium relativ leicht aufziehen.

BRUTPFLEGE

Je nach Fischgruppe fällt die Brutpflege sehr unterschiedlich aus.

Offen- und Höhlenbrüter: Viele Buntbarsche und Grundeln legen ihre Eier auf einem offenen Substrat (Offenbrüter) oder in einer Höhle (Höhlenbrüter) ab. Danach werden sie entweder vom Männchen (Grundeln), dem Weibchen (manche Buntbarsch-Arten) oder Männchen und Weibchen (viele Buntbarsch-Arten) befächelt, gesäubert und bewacht. Buntbarsche kümmern sich später sogar noch weiter aufopfernd um die frei schwimmenden Larven und Jungfische.

Maulbrüter: Viele Buntbarsche und manche Labyrinthfische sind Maulbrüter. Männchen oder Weibchen oder beide brüten die Larven oder Jungfische für mehrere Tage und Wochen im Maul aus. Wenn die Jungen größer sind, werden sie bei einigen Arten zeitweise aus dem Maul entlassen, um zu fressen. Schutz finden die Kleinen dann anschließend wieder im Maul eines Elterntieres. Manche Arten füttern sogar ihre Jungen im Maul.

Schaumnestbauer: Vor allem die Männchen mancher Labyrinthfische bauen an der Wasseroberfläche ein Schaumnest. Dorthinein legen die Weibchen ihre Eier. Das Schaumnest wird bis zum Schlupf und/oder Freischwimmen der Larven verteidigt. Besonders während der Brutpflege sind die meisten Arten sehr territorial, denn das Überleben der Jungen ist nur gesichert, wenn sich die Jungen in einer Schutzzone aufhalten, in der sie ausreichend Nahrung finden und nicht zu stark von Fressfeinden bedroht werden. Dieses Brutrevier wird aggressiv gegen alle Aquarieninsassen verteidigt, auch gegen Fische, mit denen die »Hochzeiter« vorher in friedlicher Eintracht gelebt haben. In dieser Phase muss man gegebenenfalls gejagte Fische gesondert unterbringen oder sie zeitweise mit einer Trennscheibe von den Brutpflegern trennen.

BRUTFÜRSORGE

Viele Arten kümmern sich nach der Eiablage nicht mehr um ihre Nachkommen und würden sie möglicherweise nicht einmal mehr erkennen und auffressen. Andere Arten sorgen aber durch die Wahl und Vorbereitung der Eiablagestelle vor. Entweder sie vergraben ihre Eier im Sand zwischen Steinen (manche Flossensauger), oder sie legen sie an unzugänglichen und geschützten Stellen ab.

Bodenlaichende Killifische, die leider selten im Fachhandel, dafür aber häufig in Aquarienvereinen gepflegt werden, leben in Tümpeln, die einmal jährlich austrocknen. Die Eltern sterben dabei, aber die Eier haben sie tief im Bodengrund abgelegt. Hier überleben die Eier und entwickeln sich, bis der nächste Regen fällt. Dann schlüpfen die Larven sofort und wachsen rasant, damit sie sich bis zur nächsten Austrocknung fortgepflanzt haben. Die Eier vieler Arten kann man in Torf verpackt im Internet zum anschließenden Aufguss und zur Aufzucht im Aquarium erwerben (→ Aufzucht, Seite 88).

ZUSATZWISSEN

Fortpflanzungsverhalten
Eine der spektakulärsten Fortpflanzungstechniken beherrscht ein bekannter Aquarienfisch, der Spritzsalmler. Männchen und Weibchen springen gemeinsam aus dem Wasser unter überhängende Blätter von Landpflanzen. Weil es hier feucht ist, bleiben sie haften, legen Eier und besamen sie. Danach lassen sie sich ins Wasser fallen. Das Spiel wird öfters wiederholt. Dann trennt man sich. Das Männchen wacht unter dem Blatt und spritzt von hier aus Wasser an das Gelege, um es feucht zu halten. Nach dem Schlüpfen fallen die Larven ins Wasser, und die Brutpflege endet.

Erfolgreiche Zucht und Aufzucht

Die gezielte Aufzucht von Jungfischen ist gar nicht so schwer, und es macht Spaß, die Kleinen heranwachsen zu sehen. Hier finden Sie einige praxiserprobte Tipps, die Ihnen garantiert Erfolgserlebnisse bescheren.

Manchmal stellt sich plötzlich und ohne weiteres Zutun Nachwuchs im Aquarium ein, zum Beispiel bei brutpflegenden Arten, etwa Buntbarschen, oder bei den Lebendgebärenden Zahnkarpfen. Solche Jungfische sind oft relativ groß und robust, sonst hätten sie es im Haltungsbecken gar nicht bis zum Freischwimmen gebracht. Man kann versuchen, sie mit ein paar kleinen Tricks im Becken aufzuziehen.

WIE DIE AUFZUCHT GELINGT

Für eine erfolgreiche Aufzucht gehen Sie am besten folgendermaßen vor:

- Füttern Sie mehrmals täglich Jungfisch-Trocken- oder Frostfutterpräparate. Noch besser, Sie verfüttern selbst gezüchtete *Artemia*-Nauplien (→ Seite 90), die Sie zum Beispiel mithilfe eines Bratensaftspritzers (aus dem Haushaltsfachgeschäft) in die Nähe der Jungfische spritzen, damit sich das Jungfischfutter nicht sofort im ganzen Becken verteilt.
- Füttern Sie nicht zu viel auf einmal, sondern lieber öfter, weil Larven und Jungfische in diesem Stadium noch keine Reserven anlegen können.

- Wechseln Sie häufiger als normalerweise einen Teil des Aquarienwassers – etwa zweimal wöchentlich ein Drittel des Beckeninhalts. Das ist wichtig, weil selbst bei vorsichtiger Fütterung von Feinstfutter vieles nicht gefressen und dadurch das Aquarienwasser stark belastet wird.
- Um ganz sicherzugehen, dass einige Larven oder Jungfische überleben, können Sie ausgewählte Exemplare auch in einen sogenannten Ablaich- oder Einhängekasten aus dem Zoofachhandel überführen. Dieser wird von innen in das Aquarium eingehängt. Empfehlenswert sind Kästen, die durch kleine Luftheber mit Aquarienwasser aus dem Hauptbecken durchströmt werden.
- Besetzen Sie den Kasten mit ein paar Schnecken, die Futterreste vertilgen, und mit einigen Pflanzenstängeln, wie zum Beispiel Hornkraut.
- Setzen Sie die Babys mit einem Becher oder feinen Netz so in den Kasten ein, dass sie dabei unter Wasser bleiben.
- Saugen Sie Futterreste einmal täglich ab. Der Vorteil von Ablaichkästen ist, dass Sie wenige Jungfische gezielter als im

Ein junges Wels-Männchen betreut die Eier seines Geleges in einer Bruthöhle aus Steinen.

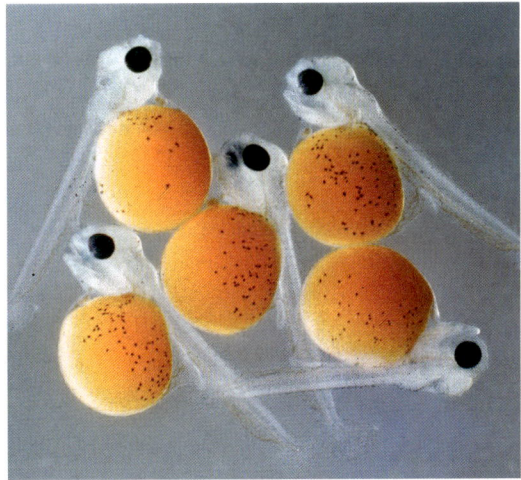

Frisch geschlüpfte Larven haben oft einen großen Dottersack, von dem sie einige Tage zehren.

großen Aquarium füttern und auch besser vor Feinden schützen können. Allerdings sind solche Ablaichkästen zu klein für die Aufzucht größerer Jungfische ab einer Körperlänge von etwa 1,5 cm. Diese sind besser in einem speziellen Aufzuchtbecken aufgehoben.

Das Aufzuchtbecken

Um eine größere Anzahl von Larven oder Jungfischen aus dem Hälterungsbecken oder schon größere Jungfische aufzuziehen, benötigen Sie ein spezielles, leicht zu säuberndes Aufzuchtbecken.

◆ Für die Aufzucht von etwa 20 Jungfischen bis zu einer Größe von 2 bis 3 cm verwenden Sie am besten ein kleines 25-Liter-Ganzglasaquarium (40 x 25 x 25 cm), das mit einem luftbetriebenen Schaumstoff-Innenfilter ausgestattet ist. Der Filter sollte schon einige Zeit in einem anderen Becken betrieben worden sein (Einfahrphase!). Bei Bedarf setzen Sie noch zusätzlich einen Stabheizer (25 W) ein.

◆ Geben Sie – je nach Fischart – einige treibene Stängelpflanzen, Javamoos und kleine Verstecke (Plastikrohr, Tonrohrabschnitte, Buchenlaub) in das Becken, denn auch Jungfische sind oft schon territorial und wollen sich verstecken.

◆ Füllen Sie das Aufzuchtbecken zunächst mit Wasser aus dem Haltungsbecken, damit sich die empfindlichen Babys nicht an neue Wasserbedingungen gewöhnen müssen.

◆ Verwenden Sie keinen Bodengrund oder nur eine ganz dünne Quarzsandschicht, damit Sie anfallende Futterreste und Exkremente regelmäßig problemlos entfernen können. Gehen Sie dabei vorsichtig vor. Bewährt hat sich das Absaugen mit einem Belüftungsschlauch (6 mm Außendurchmesser).

- Kleine Schnecken, zum Beispiel Posthornschnecken, sollten das Minibiotop vervollständigen, denn sie fressen sehr effizient Futterreste, ohne sich an den Babys zu vergreifen.
- Wichtig ist der Teilwasserwechsel – am besten täglich oder alle zwei Tage etwa ein Viertel bis ein Drittel des Beckeninhalts mit abgestandenem, zimmerwarmem Wasser gleicher Qualität.
- Füttern Sie auch hier lieber öfter kleinere Mengen, denn das kleine Aquarium verträgt keine großen Mengen übrig gebliebener Futterreste.

Hinweis: Ziehen Sie nur so viele Jungfische auf, wie Sie selbst behalten wollen oder für die Sie sichere Abnehmer haben. Es grenzt an Tierquälerei, Jungfische aufzuziehen, für die man zu wenig Platz oder keine Abnehmer hat.

Eltern-TIPP

Guppy-Geburt beobachten
Kurz vor dem Absetzen der Jungfische werden die Weibchen immer dicker und bekommen einen dunklen »Trächtigkeitsfleck« in der Afterregion. Setzen Sie solche Weibchen in einen Einhängekasten mit vielen krautigen Pflanzen oder einen speziellen Guppy-Absetzkasten. Mit etwas Geduld können Ihre Kinder die Geburt beobachten. Nach der Geburt das Weibchen ins Aquarium zurücksetzen.

Artemia-Nauplien »züchten«

Artemia-Nauplien sind die Larven kleiner Schwimmkrebse, der *Artemia*-Salzkrebschen. Frisch geschlüpft sind sie ein besonders hochwertiges Aufzuchtfutter für größere Jungfische und kleinere Fischarten, die kein totes Futter mögen.

Artemia leben in Salzseen und produzieren dort Dauereier, die jahrelang überleben. Die Eier können Sie im Zoofachhandel in kleinen Dosen erwerben und zu Hause erbrüten lassen, wenn Sie sie für die Aufzucht von Jungfischen brauchen. Und so funktioniert die *Artemia*-Zucht:

- In einer leeren 0,5- bis 1-Liter-Glasflasche eine jodfreie Kochsalzlösung (15 g Kochsalz auf 0,5 l Wasser) ansetzen.
- Jeweils einen viertel bis halben Teelöffel *Artemia*-Eier ins Wasser geben. Bei zahlreichen Jungfischen auch mehr, aber nie mehr als zwei Teelöffel Eier.
- Mit einem Luftschlauch, an den Sie ein etwa 30 cm langes Belüftungsrohr (Zoofachhandel) angeschlossen haben, das bis zum Flaschenboden reicht, schließen Sie eine kleine Membran-Luftpumpe so an, dass die Luft die Eier kräftig umherwirbelt (alternativ: ein *Artemia*-Aufzuchtset aus dem Zoofachhandel verwenden).
- Den Ansatz an einen warmen, nicht komplett dunklen Ort stellen. Nach etwa 24 bis 48 Stunden schlüpfen die Larven, die sogenannten Nauplien.
- Verfüttern Sie die Nauplien innerhalb weniger Stunden, denn ihr Nährstoffgehalt nimmt nach dem Schlupf schnell ab. Stellen Sie dazu die Luftpumpe ab. Jetzt treiben die leeren, graubraunen Eierschalen nach oben, die rötlichen Nauplien setzen sich unten ab.

Ein Weibchen des Genetzten Prachtbuntbarsches betreut seine schon frei schwimmenden Jungfische am Ausgang der Bruthöhle. Der Buntbarsch-Vater sichert inzwischen das Revier.

- Saugen Sie die Nauplien mit einem Luftschlauch vorsichtig vom Flaschenboden ab.
- Das nauplienhaltige Wasser in ein spezielles *Artemia*-Sieb geben und unter dem Wasserhahn kurz abspülen. Dann die nährstoffreiche, orangerote Nauplienmasse mit einem Teelöffel direkt in das Aufzuchtaquarium oder den Ablaichkasten geben.

- Abgedeckt mit sehr wenig (!) Salzwasser, halten sich *Artemia*-Nauplien etwa 12 Stunden im Kühlschrank. So gewinnen Sie aus einer »Ernte« zwei Mahlzeiten.
- Um immer ausreichend Nauplien zur Verfügung zu haben, sollten Sie am besten gleich zwei oder drei Flaschen zeitlich versetzt ansetzen.
Wichtig: Die Packung nach dem Öffnen trocken und kühl lagern.

Auf Entdeckertour: Rund ums Fortpflanzen

Umgang mit Aggressionen

Fortpflanzung ist oft mit Aggressionen verbunden, entweder zwischen konkurrierenden Männchen (im Foto zwei maulkämpfende Labyrinthfisch-Männchen), aber auch zwischen Paarpartnern, die sich erst aufeinander einstellen müssen. Sehr häufig werden auch die Nachkommen heftig verteidigt oder andere Aquarienbewohner attackiert. Damit es nicht zu tödlichen Auseinandersetzungen kommt, muss man gefährdete Fische herausfangen und in einem separaten Aquarium pflegen.

Geschlechtsunterschiede und Balzverhalten

Das Balzverhalten vieler Fischarten ist manchmal schwer vom Aggressionsverhalten zu unterscheiden – besonders, wenn man nicht weiß, wer Männchen und Weibchen ist. Bei diesen beiden Flossensaugern imponiert das Männchen vor dem Weibchen auf die gleiche Art, wie es vor einem anderen Männchen imponieren würde. Das Weibchen verhält sich allerdings passiv. Falls Sie unsicher sind, ob es sich wirklich um Balz handelt, informieren Sie sich zuerst über die Geschlechtsunterschiede der jeweiligen Art.

Fischgeburt bei Lebendgebärenden

Die Weibchen der Lebendgebärenden Zahn-karpfen – im Foto ein Guppyweibchen bei der Geburt – werden innerlich von den Männchen mit deren Begattungsorgan (Gonopodium) befruchtet. Über mehrere Wochen entwickeln sich dann die Jungen im ihrem Leib. Mit ein bisschen Glück kann man die Geburt im Aquarium beobachten.

Eltern-TIPP

Artemia-Aufzucht
Viele Jungfische benötigen kleines, nährstoffhaltiges und lebendiges Aufzuchtfutter. Ideal für die meisten Fischbabys sind frisch geschlüpfte Jungtiere (Nauplien) des »Urzeitkrebs-chens« *Artemia*. Der Zoofach-handel bietet Dauereier an. In handelsüblichen Brutgeräten schlüpfen die Krebschen innerhalb von 24 bis 36 Stunden (→ Seite 90). Für Kinder ist die Aufzucht der Krebschen ein interessantes Naturerlebnis.

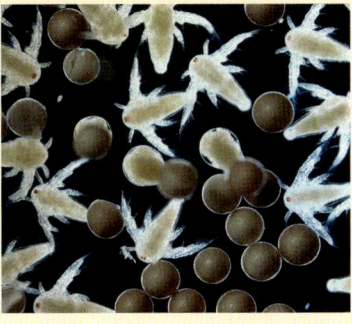

Brutpflege beobachten

Buntbarsche kümmern sich aufop-fernd um ihre Brut. Viele Arten, wie das oben abgebildete Weibchen des Afrikanischen Schmetterlings-buntbarsches, befächeln ihre Eier zunächst, bis die Larven schlüpfen. Auch danach kümmern sich die Buntbarsche noch weiter um die frei schwimmenen Larven und Jungfi-sche. Zusammen mit dem Partner verteidigen sie die Jungen auch im Aquarium erfolgreich, sofern es nicht übersetzt ist. Füttern Sie gezielt *Artemia*-Nauplien, damit wenigstens ein paar Jungfische überleben (→ Seite 90).

FISCHE
UND ANDERE
BEWOHNER

Das Aquarium kann aus einer bunten Tiergesellschaft bestehen.
Hier tummeln sich nicht nur die verschiedensten Fischarten,
sondern auch Garnelen, Krebse, Schnecken und Krallenfrösche.
Die in diesem Kapitel vorgestellten Porträts der einzelnen Arten
passen in der richtigen Kombination wunderbar zusammen.

Fische und Wirbellose im Porträt

Die Auswahl der folgenden Porträts von Aquarienbewohnern bezieht sich auf die Beckenvorschläge von Seite 118 bis 133. Die große Artenvielfalt der Aquarienfische rekrutiert sich aus einigen wenigen Fischgruppen.

BARBEN UND BÄRBLINGE

Beide gehören zu der artenreichen Familie der Karpfenfische (→ Seite 100 und 101). **Barben** haben ein ansprechendes Äußeres, sind lebhaft und in der Regel relativ anspruchslos. Sie sind eher Gruppen- als Schwarmfische und sollten ab mindestens fünf Tieren gehalten werden, damit sie sich nicht »langweilen«. Kleinere Barben lassen sich gut mit Killis und kleinen Bodenfischen zusammen pflegen. Zu den größeren Arten passen alle Fische, die sich durch die Lebhaftigkeit der Barben nicht gestört fühlen. Mit ihren unterständigen Mäulern gründeln Barben im Sand-Bodengrund. Bei der Fütterung immer einen pflanzlichen Anteil bedenken.

Bärblinge sind sehr gesellige, schwimmfreudige und bunte Schwarmfische der mittleren und oberen Beckenbereiche. Sie sollten unbedingt in einem Schwarm ab etwa acht Tieren gehalten werden. Bärblinge können gut mit kleineren Bodenfischen, etwa Schmerlen oder vielen Labyrinthfischen, vergesellschaftet werden. Die Männchen sind etwas farbiger und schlanker als die Weibchen. Sowohl Barben als auch Bärblinge betreiben keine Brutpflege.

BUNTBARSCHE UND GRUNDELN

Auch die Familie der Buntbarsche oder Cichliden ist mit etwa 2000 Arten vor allem aus Afrika und Lateinamerika extrem artenreich (→ Seite 102 und 103). **Alle Buntbarsche** kümmern sich intensiv, lange und auf vielfältig interessante Weise um ihre Brut. Besonders zur Fortpflanzungszeit bilden sie Reviere, die sie gegen Eindringlinge verteidigen. Bei der Vergesellschaftung in kleinen Becken sollten Sie daher keine anderen revierbildenden Arten auswählen. Die in diesem Ratgeber genannten Arten sind Substratbrüter. Sie legen ihre Eier auf einer Unterlage, offen oder in einer Höhle ab. Eier, Larven und Jungfische werden von beiden Paarpartnern über Wochen gepflegt.

Die bodenbewohnenden **Grundeln** betreiben ebenfalls Brutpflege, allerdings nur die Männchen. Die Eier werden meist in kleinen Höhlen abgelegt. Das Männchen kümmert sich in der Regel nur so lange um die Brut, bis die Jungen geschlüpft sind. Die meisten Grundeln benötigen kleines Frost- oder Lebendfutter und nehmen in der Regel kein oder nur äußerst ungern Trockenfutter an.

REGENBOGENFISCHE UND BLAUAUGEN

Die zum Teil sehr bunten Regenbogenfische und Blauaugen leben vor allem in der indo-australischen Region als Gruppen- und Schwarmfische (→ Seite 104). Viele Arten sind der ideale Besatz für die mittlere Wasserzone von Hartwasserbecken. Alle Arten betreiben keine Brutpflege, sondern legen ihre haftenden Eier in Wasserpflanzendickichten ab. Die wunderschönen Farben kommen vor allem in den Morgenstunden bei Tageslicht zur Geltung, wenn die Männchen balzaktiv sind. Abwechslungsreiche Ernährung, auch mit pflanzlichen Anteilen, ist wichtig.

LEBENDGEBÄRENDE ZAHNKARPFEN

Das Fortpflanzungsverhalten der Lebendgebärenden Zahnkarpfen macht diese Fischgruppe besonders interessant und beliebt (→ Seite 105). Die meisten Arten vermehren sich relativ leicht. Das Männchen begattet das Weibchen mit einem penisähnlichen Begattungsorgan (Gonopodium) und befruchtet es innerlich. Im Bauch des Weibchen entwickeln sich die Jungen dann so weit, dass sie als voll ausgebildete Minifischchen lebend geboren werden. In dicht bepflanzten Becken überleben meist ohne weiteres Zutun viele Jungfische. Die meisten Arten der Lebendgebärenden leben in Mittel- und Südamerika, sind gesellig und schwimmfreudig. Besonders die Zuchtformen zeigen wunderschöne Farben. Wichtig für die Pflege dieser Gruppenfische ist ein hoher pflanzlicher Anteil in der Nahrung.

SALMLER

Mit Hunderten von Arten sind Salmler in Südamerika und Afrika in fast allen Lebensräumen vertreten. Zu dieser Gruppe gehören die wohl berühmtesten Aquarienfische: die Neonfische (→ Seite 107). Die meisten Arten betreiben keine Brutpflege. Eine aquarientaugliche Ausnahme bildet der Spritzsalmler (→ Seite 106), der außerhalb des Wassers an Pflanzenblättern ablaicht und den Laich von unten mit Wasser bespritzt. Dank leuchtender Farben und quirligem Schwarmverhalten gehören viele Salmler zum Besatz schön bepflanzter Becken. Sie sind in der Regel gut zu vergesellschaften. Andere Arten wie etwa Kaisersalmler oder Ziersalmler sind eher Gruppenfische, deren Männchen zeitweise Minireviere ausbilden. Alle Arten lassen sich mit feinem Trocken- und Frostfutter gut ernähren.

Blick ins Aquarium: Hier sehen Sie eine gut funktionierende Artengemeinschaft.

TIPP

Bodenfische gezielt ernähren
Einige Bodenfische wie Welse und Schmerlen leben tagsüber versteckt und zurückgezogen, sodass man sie kaum zu Gesicht bekommt. Solche Arten füttert man am besten gezielt in ihrem Versteck oder nach Abschalten der Beleuchtung.

SCHMERLENARTIGE

Zu den schmerlenartigen Fischen in der Aquaristik gehören recht verschiedenartige Bodenbewohner Asiens (→ Seite 108 und 109). Viele Arten leben in Gruppen, weshalb Sie möglichst sechs bis acht Tiere pflegen sollten. Die meisten Arten benötigen Verstecke und betreiben keine Brutpflege. Einige Schmerlen tragen einen (ungiftigen) Dorn unter dem Auge, den sie bei vermeintlicher Gefahr herausklappen können. Mit diesem Dorn können sie sich beim Herausfangen leicht im Käscher verhängen. Etwas Besonderes sind die strömungsliebenden Flossensauger, die an die algenfressenden Harnischwelse erinnern, aber keine Algen fressen. Schmerlenartige brauchen unbedingt eine abwechslungsreiche Ernährung mit Frost- und Trockenfuttersorten.

LABYRINTHER UND STACHELAALE

Labyrinthfische verdanken ihrem Namen einem labyrinthartig gefalteten Organ hinter den Kiemendeckeln. Mithilfe dieses Organs sind sie in der Lage, Luft zu atmen. Sie müssen deshalb in regelmäßigen Abständen an die Wasseroberfläche kommen. Hätten sie diese Möglichkeit nicht, würden sie »ertrinken«. Die meisten Arten lieben stehendes oder nur leicht fließendes Wasser. Ihre Becken sollten viele Deckungsmöglichkeiten und Pflanzendickichte bieten. Die Männchen sind bunter gefärbt als die eher farblosen Weibchen. Alle hier genannten Arten betreiben Brutpflege und bauen Schaumnester. Das Schaumnest besteht aus kleinen umspeichelten Luftblasen, in das sie die Eier ablegen. Die Eier und Larven werden nur vom Männchen gepflegt.

Stachelaale sind in Asien und Afrika verbreitet (→ Seite 109). Die geselligen, intelligenten und witzig wirkenden Fische können dem Menschen gegenüber sogar recht zutraulich werden. Am wohlsten fühlen sich diese Fische in versteckreichen Becken mit Sandboden. Frostfutter ist die richtige Nahrung für Stachelaale.

WELSE

Welse werden vor allem wegen ihrer skurrilen Körperformen gehalten oder weil sie Algenfresser sind (→ Seite 110 und 111). Viele Arten verstecken sich tagsüber in Höhlen oder unter Wurzeln. Damit sie beim Füttern nicht unbemerkt zu kurz kommen, sollten Welse immer abends gesondert gefüttert werden. Zwar sind viele Welse nicht besonders anspruchsvoll, aber sauberes Wasser und eine abwechslungsreiche, reichhaltige Ernährung sind Grundvoraussetzungen für ihr Wohlbefinden. Bei manchen Arten betreiben die

Männchen Brutpflege, etwa bei vielen Harnischwels-Arten. Andere Arten betreiben keine Brutpflege, wie etwa Panzerwelse oder Ohrgitterharnischwelse. Panzerwelse und Ohrgitterharnischwelse sind Gruppenfische, andere Harnischwelse eher Einzelgänger. Achtung beim Herausfangen! Manche Welse haben sehr stachelige Flossen, die schmerzhaft stechen.

SCHNECKEN

Schnecken gelten wegen ihrer manchmal massenhaften Vermehrung als Schädlinge – oft zu Unrecht! Alle Arten sind bei genauer Betrachtung hochinteressant und viele eher nützlich als schädlich (→ Seite 112 und 113). Turmdeckelschnecken, Posthornschnecken oder Blasenschnecken werden häufig beim Pflanzenkauf eingeschleppt. Sie helfen, ein stabiles Aquarienklima herzustellen, weil sie Futterreste effektiv verwerten. Rennschnecken und Teufelshörnchen sind sehr gute Algenfresser. Teufelshörnchen lassen sich im Aquarium nicht züchten.

GARNELEN UND ZWERGFLUSSKREBSE

Süßwassergarnelen und Zwergflusskrebse werden hauptsächlich in verschiedenen Zuchtvarianten verkauft (→ Seite 114 und 115). Die meisten Arten sind klein und können in luftgefilterten Becken ab 12 Liter Inhalt gehalten werden. Garnelen und Flusskrebse sollten Sie – wenn überhaupt – nur mit sehr friedlichen Fischen zusammen halten. Die Krebstiere sind ständig damit beschäftigt, mit ihren Scherenbeinen nach kleinsten Nahrungspartikeln zu suchen. Das wichtigste Einrichtungsmerkmal jedes Garnelen- und Zwergflusskrebs-Aquariums ist etwas Falllaub und einige feinfiedrige Pflanzen, etwa Moose (→ Seite 50). Strömung vertragen die meisten Arten schlecht, ebenso weiches und saures Aquarienwasser. Gefüttert wird mäßig (!) mit pflanzenhaltigem Trockenfutter, speziellem Garnelenfutter oder auch Kaninchenpellets. Manche Arten vermehren sich ohne weiteres Zutun. Alle Krebstiere reagieren empfindlich auf Chemikalien wie Medikamente.

ZUSATZWISSEN

Fische und das Wetter
Hat das Wetter Einfluss auf das Leben der Fische? Tatsächlich ist das der Fall. Zum Beispiel verändert Starkregen die Lebensbedingungen im nassen Element enorm. Für die Fische ändern sich plötzlich die Wassertemperatur, die Wasserwerte, das Futterangebot, die Strömung und die Trübung des Wassers. Beobachten Sie einmal Ihre Fische im Aquarium, wenn sich ein Tiefdruckgebiet nähert und Regen zu erwarten ist. Viele Fische wie zum Beispiel Panzerwelse schwimmen dann extrem unruhig durch das Aquarium, und manche fangen sogar spontan an zu balzen.

Bärblinge und Barben

Bärblinge sind quirlige und anspruchslose Bewohner des Freiwassers. Zu ihnen gehört der Zebrabärbling (5 cm; Foto oben). Ähnliche Art: Tüpfelbärbling (3,5 cm). Auch der Kardinalfisch (4 cm; Foto unten) gehört dazu. Ähnliche Art: Vietnamesischer Kardinalfisch (3,5 cm). »Kardinälchen« sind kleine Schmuckstücke für das unbeheizte Aquarium.

Die ungewöhnliche Färbung des Grünen Zwergbärblings (2,5 cm; Foto oben) kommt am besten in lichtdurchfluteten Pflanzenbecken zur Geltung. Keilfleckbärblinge (4,5 cm; Foto unten) sind wie die vorgenannte Art Schwarmfische, die in eher schummrig beleuchteten Aquarien schillern. Ähnliche Art: Espes Keilfleckbärbling (3,5 cm; → Fotos Seite 117 und 128). Alle Arten benötigen die Gesellschaft von Artgenossen – mindestens 6 Tiere – zum Wohlfühlen.

Die Bitterlingsbarbe (5 cm) stammt usprünglich aus Bächen der Regenwaldinsel Sri Lanka. Neben der hübschen Wildform werden heute aber fast ausschließlich besonders rote Zuchtformen gehandelt (→ Foto rechts). Wie bei allen Barben und Bärblingen erkennt man die Männchen im Gegensatz zu den Weibchen an ihrer schlankeren, weniger plumpen Körperform.

Die Fünfgürtelbarbe (5 cm) ist ein friedlicher Gruppenfisch, der etwas anspruchsvoller ist. Die tiefrote Färbung »glüht« nur in weichem und relativ warmem Wasser.

Die Eilandbarbe (5 cm) ist wie alle Barben weder ein Schwarmfisch noch ein Einzelgänger, sondern ein Gruppenfisch, der zeitweise Balzreviere ausbildet. Ihre Pflege gelingt in der kleinen Gruppe – einige Männchen, mehrere Weibchen – leicht. Eilandbarben bevorzugen locker bepflanzte, helle Becken mit weichem Bodengrund und einigen Kieselsteinen. Alle Barben mögen gern einen Grünfutter-Anteil in ihrer Nahrung. Ähnliche Art: Fleckenbarbe (4 cm).

Die beliebte Brokatbarbe (7 cm) ist eine Zuchtform der sehr ähnlichen Messingbarbe (7 cm). Beide vertragen auch niedrigere Temperaturen, sodass sie im Sommer sogar im Gartenteich oder in offenen Aquarien auf dem Balkon gehalten werden können. Im Herbst, wenn sie wieder in das Zimmeraquarium einziehen, belohnen sie ihre Halter dafür mit besonders intensiven Farben.

Buntbarsche und Grundeln

Zwergbuntbarsche bestechen vor allem durch ihre aufopfernde Brutpflege. Beim nigerianischen **Purpurprachtbuntbarsch** (10 cm; Foto oben) sind die Weibchen schöner als die Männchen. Ähnliche Art: Genetzter Prachtbuntbarsch (8 cm; → Fotos Seite 91 und 116). Beim **Gelben Zwergbuntbarsch** (7 cm; Foto unten) aus Südamerika ist es umgekehrt.

Afrikanische Schmetterlingsbuntbarsche (8 cm; Foto oben) bilden wie die sehr wärmeliebenden **Schmetterlingsbuntbarsche** aus Venezuela (5 cm; Foto unten) Paare, die das Gelege offen auf kleiner Fläche ablegen. Beide Partner kümmern sich rührend um die Pflege und Verteidigung der Eier und Larven. Die schönsten Farben entwickeln beide Arten, wenn sie in weichem Wasser gehalten werden. Die Weibchen bleiben etwas kleiner und haben kürzere Flossen.

Gabelschwanz-Schachbrettcichliden (9 cm) sind filigrane Schönheiten. Die Männchen haben ausgezogene Flossen.

Gestreifte Schneckenbuntbarsche (5 cm). Ähnliche Arten: Brevis-Schneckenbuntbarsch (6 cm, → Foto Seite 126) und Ocellatus-Schneckenbuntbarsch (6 cm; → Foto Seite 94).

Gelbe Schlankcichliden (8 cm) stammen wie die Schneckenbuntbarsche aus dem Tanganjikasee. Ihre Geschlechter sind schwer zu unterscheiden, oft ist das Weibchen größer. Jedes Paar benötigt ein Felsenversteck. Ähnliche Art: Schwarzweißer Schlankcichlide (7 cm).

Weißkehlgrundeln (5 cm) sind Bodenbewohner ostasiatischer Bäche. Die Männchen sind hübscher als die Weibchen und betreiben Brutpflege der Eier in kleinen Höhlen. Sie imponieren ständig voreinander, sodass immer Leben im Aquarium herrscht. Wassertemperaturen von über 23 °C vertragen sie auf Dauer schlecht. Ähnliche Art: Flammengrundel (4,5 cm).

Regenbogenfische und Lebendgebärende

Die Blauaugen aus Australien und Neuguinea sind sehr aktive Gruppenfische auch für kleinere Aquarien. Die Männchen balzen permanent um die Weibchen. Das Gabelschwanz-Blauauge (6 cm; Foto oben) ist ein Bachfisch, während das Gepunktete Blauauge (4 cm; Foto unten) auch in pflanzenreichen Stillgewässern lebt. Ähnliche Art: Neon-Blauauge (4 cm).

Diamant-Zwergregenbogenfische (6 cm; Foto oben) schillern in irisierenden Farben. Sie leuchten besonders, wenn sie in eher dunkel gehaltenen Becken in den Morgenstunden balzen und häufig einzelne Eier ablaichen. Filigran-Regenbogenfische (5 cm; Foto unten) sind Gruppenfische, die sowohl freien Schwimmraum als auch eine hohe Hintergrundbepflanzung mögen. In dicht bepflanzten Becken kommen gelegentlich ein paar Jungfische durch.

Platys (6 cm) mögen hartes Wasser und zupfen gern an Algen. Es gibt sehr viele verschiedene Zuchtformen. Ähnliche Art: Papagaienplaty (7 cm; → Fotos Seite 2, 10, 67).

Der Zwergkärpfling (Weibchen bis 3,5 cm, Männchen wesentlich kleiner) ist ein Winzling aus Florida. Diese Fische sind auch für sehr kleine und dicht bepflanzte Becken geeignet. Sie sollten bei Zimmertemperatur in kleinen Gruppen gehalten werden und passen gut zu robusten Garnelen und Schnecken. Eine im Winter etwas kühlere Haltung stärkt die Vitalität.

Als Black Mollys (6–8 cm) bezeichnet man Zuchtformen des Spitzmaulkärpflings mit zum Teil sehr unterschiedlichen Flossenformen und Tönungen. Die Gruppenfische sind ausgesprochen wärmeliebend und fühlen sich in dicht bepflanzten Aquarien mit genügend Schwimmraum besonders wohl. Sie benötigen eher hartes Wasser. Fütterung vor allem mit Pflanzenkost, aber auch Trockenfutter. Leider sind Black Mollys besonders anfällig für die Weißpünktchenkrankheit (→ Seite 81).

Guppys (6 cm), auch Millionenfische genannt, sind wegen der fast endlosen Vielfalt ihrer Zuchtformen, ihrer Lebhaftigkeit sowie ihrer leichten Vermehrbarkeit die beliebtesten Aquarienfische überhaupt. Wenn sie ausreichend warm gehalten werden, sind die lebendgebärenden Weibchen fast immer trächtig. Ähnliche Art: Endlerguppy (5 cm; → Foto Seite 32).

Die Gruppe der Salmler

Schwarze Phantomsalmler (4,5 cm; Foto oben) bilden zu bunteren Arten im Gesellschaftsbecken einen attraktiven Kontrast in der mittleren Beckenregion. Ähnliche Art: Roter Phantomsalmler (4,5 cm). Die Oberfläche bewohnende Spritzsalmler (7 cm; Foto unten) laichen außerhalb des Wassers ab und passen gut zu den Phantomsalmlern.

Schmucksalmler (4,5 cm) stammen wie viele Salmler aus Amazonien. Es sind Gruppenfische, deren Männchen häufig voreinander mit gespreizten Flossen imponieren und kleine Balzreviere verteidigen. Ähnliche Art: Blutsalmler (4,5 cm; → Foto Seite 55). Auch die Zwergziersalmler-Männchen (4 cm) bilden zeitweise kleine Reviere zwischen Pflanzenstängeln aus. Wie die meisten Salmler betreiben sie keine Brutpflege und legen sehr kleine Eier. Ihre Zucht ist schwierig.

Die anspruchslose Salmler-Art
Rotaugen-Moenkhausia (7 cm) und
die ähnliche Art Trauermantelsalmler
(6 cm) können auch ohne Heizung bei
Zimmertemperatur gehalten werden.

Der Wasserstiglitz (4,5 cm) ist ein weiterer
beliebter und anspruchsloser Salmler, der die
mittleren Beckenregionen besiedelt.

Kaisersalmler (6 cm)
benehmen sich aufgrund
ihres ausgeprägten Revier-
verhaltens fast schon wie
kleine Buntbarsche. Eine
kleine Gruppe im locker
bepflanzten, dunkel gehaltenen Aquarium ist ein
herrlicher Anblick. Ähnliche
Art: Königssalmler (4,5 cm).

Rote Neons (4 cm) und eine ähnliche
Art, der »normale« Neonfisch (4 cm),
funkeln wie glitzernde Juwelen nicht
nur in schattigen Urwaldgewässern,
sondern auch in Tausenden Aquari-
en. Ein eigenes Weichwasserbecken
nur mit einem großen Schwarm
Neons, Panzerwelsen, einem Trio
Gabelschwanz-Schachbrettcichliden
sowie Spritzsalmlern ist ein unver-
gleichlich schöner Anblick.

Labyrinther, Schmerlen, Stachelaale

Zwergfadenfische (6 cm; Foto oben) leben in pflanzenreichen Gewässern. Die Männchen bauen Schaumnester an der Wasseroberfläche. Sie pflegen Eier und Larven bis zum Freischwimmen. Ähnliche Art: Honiggurami (5 cm; → Foto Seite 15). Fadenfische und der **Knurrende Zwerggurami** (3,5 cm; Foto unten) brauchen viele Pflanzen als Rückzugsort für die Weibchen.

Prachtflossensauger (7 cm; Foto oben) leben in asiatischen Bächen mit Kieselsteinen. Sie lieben Strömung. Diese Fische sind trotz ihrer spezialisiert erscheinenden Lebensweise pflegeleicht und lassen sich mit qualitativ hochwertigen Futtertabletten sehr gut ernähren. Wichtig ist, darauf zu achten, dass ihnen andere Fische nicht das Futter vor der Nase wegschnappen. Ähnliche Art: **Chinesischer Flossensauger** (5 cm; → Foto unten).

Die Streifenschmerle (8 cm) ist im Gegensatz zu vielen anderen Schmerlen sehr friedlich und sollte in einer kleinen Gruppe gepflegt werden. Die Streifenzeichnung ist sehr variabel.

Kampffische (7 cm) sind wärmeliebende Zuchtformen, die nicht mit hektischen Arten oder Buntbarschen, die an ihren Flossen zupfen, vergesellschaftet werden sollten. Kampffische brauchen viele Pflanzen zum Wohlfühlen. Nie mehr als ein Männchen halten und nur mit gehaltvollem Granulatfutter füttern. Ähnliche Art: Friedlicher Kampffisch (5 cm).

Die Panda-Saugschmerle (9 cm) ist im Gegensatz zu manch anderen Schmerlen eine friedliche, vergleichsweise gesellige Art und sollte in einer kleinen Gruppe gehalten werden. Wichtig für ihr Wohlbefinden ist, dass sie neben anderen Futtersorten auch Grünfutter bekommt. Infrage kommen alle hochwertigen Futtersorten, gelegentlich mit pflanzlichem Anteil. Die »knuddelig« aussehenden Panda-Saugschmerlen fressen zwar auch Algen, sind darin aber nicht besonders effektiv.

Stachelaale gehören zu den am meisten unterschätzten Aquarienfischen. Kleinere Arten wie der Indische Zwergstachelaal (18 cm) sollten auch in kleineren Aquarien ab 100 Liter mit Sand- oder feinem Kiesboden unbedingt in einer Gruppe gehalten werden. Es sind überaus intelligente Fische, die besonders schnell zahm werden. Ähnliche Art: Gürtel-Zwergstachelaal (20 cm).

Die Gruppe der Welse

Ohrgitterharnischwelse aus Südamerika sind sehr gesellig und gute Algenfresser. Der Kleine Braune Oto (4 cm; Foto oben) ist eher für Zimmertemperatur-Aquarien geeignet. Der Gestreifte Ohrgitterharnischwels (4 cm; Foto unten) und viele sehr ähnlich aussehende nahe Verwandte benötigen dagegen wärmere Becken. Immer mehrere Tiere halten!

Die friedlichen Panzerwelse besiedeln in der Gruppe den Bodenbereich, der unbedingt sandige Abschnitte aufweisen sollte. Marmorierte Panzerwelse (7 cm; Foto oben) vertragen auch niedrigere Temperaturen. Panda-Panzerwelse (6 cm; Foto unten) lieben es etwas wärmer. Alle Arten lassen sich mit hochwertigen Futtertabletten ernähren, gelegentlich Mückenlarven oder Wurmfutter reichen. Ähnliche Art: Sterbas Panzerwels (6 cm; Foto Seite 3 und 75).

Der **Metallpanzerwels** (6 cm) ist wie fast alle Panzerwelse ein idealer Fisch für bepflanzte Gesellschaftsbecken. Gezielte Fütterung nötig! Ähnliche Art: Leopardpanzerwels (6 cm).

Blaue Antennenwelse (14 cm) sind ohne Zweifel die effektivsten Algenfresser. Die Männchen entwickeln imposante Stirntentakel.

Der **Schokoladenbraune Hexenwels** (13 cm; → Foto links) und eine rostrote Zuchtform »Roter Hexenwels« verbringen den Tag am Boden oder an Wurzeln. Sie fressen kleines Trocken- und Frostfutter. Zur Zucht röhrenförmige Verstecke im Becken als Bruthöhlen anbieten.

Gebirgsharnischwelse (8 cm) leben in der Strömung steiniger Gewässer, wo sie sich mit ihrem riesigen Saugmaul besonders gut an den Steinen festhalten können. Die witzig aussehenden Welse sind leicht zu pflegen. Das Wichtigste bei ihrer Pflege ist, sie ganz gezielt mit Futtertabletten, feinem Frostfutter und Grünfutter zu versorgen, weil sie sonst leicht abmagern.

Schnecken und Zwergkrallenfrösche

Geweihschnecken (2 cm ohne Stacheln; Foto oben) sind besonders attraktive Algenfresser, die ständig harte Untergründe abgrasen. Sie vertragen kein extrem weiches Wasser und sie lassen sich nicht züchten. **Malaiische Turmdeckelschnecken** (3 cm; Foto unten) sind lebendgebärend und nützlich, weil sie den Aquarienboden grabend auflockern.

Rennschnecken (2,5 cm) sind extrem variabel gemusterte und gefärbte Schnecken, die aber dennoch alle der gleichen Art angehören. Orangefarbene Varianten werden »Orange Track« genannt (Foto oben), gestreifte Varianten »Zebrarennschnecken« (Foto unten). Sie sind gute und robuste Algenfresser, die normalerweise im Brackwasser leben und deren Larven im Meerwasser aufwachsen müssen. Deshalb gelingt ihre Nachzucht im Aquarium nicht.

Die **Zebra-Apfelschnecke** (4 cm) ist eine tropische Apfelschnecke, die besonders gerne Grünzeug frisst und damit auch gefüttert werden sollte. Ihre Nachzucht ist einfach.

Posthornschnecken (3 cm) werden häufig über ihre Gelege etwa beim Wasserpflanzenkauf eingeschleppt. Sie sind trotz ihrer hohen Vermehrungsrate keine Schädlinge, sondern eher nützlich, weil sie liegen gebliebene Futterreste verzehren und ein gesundes Aquarienklima anzeigen. Als selbstbefruchtende Zwitter reicht ein Tier zur Gründung einer Aquarienpopulation.

Die winzigen **Blasenschnecken** (1 cm) gehören zu den Lungenschnecken. Sie können an der Wasseroberfläche Luft in ihre Mantelhöhle aufnehmen und den Sauerstoff daraus nutzen, während sie unter Wasser sind. Sie sind der ideale Schneckenbesatz für kleinere, nicht dicht besetzte Aquarien. Blasenschnecken vertilgen gern Algen und Futterreste. Bei näherer Betrachtung sind es überaus elegante Tiere, die sogar unter der Wasseroberfläche gleiten können.

Bei 23–26 °C und einer Ernährung mit Frost- und Lebendfutter sind die geselligen **Zwergkrallenfrösche** (4 cm ohne Beine) in dicht bepflanzten Becken gut mit kleinen und friedlichen Fischen zu vergesellschaften. Wichtig ist eine dichte Abdeckung des Aquariums, die kleinste Öffnungen schließt, damit diese luftatmenden Amphibien aus dem tropischen Afrika nicht ausbüxen können.

Garnelen und Krebse

Die Zwerggarnelen wie die **Red Fire** (3 cm; Foto oben) und die **Grüne Zwerggarnele** (3 cm; Foto unten) sind wegen ihrer schönen Farben und ihrer Aktivität beliebte Bewohner für »Nano-Aquarien«. Die verschiedenen Arten haben unterschiedliche Temperaturansprüche: Red Fire mag es eher kühler, Grüne Zwerggarnele dagegen sehr warm.

Hummel-Zwerggarnele (2,5 cm; Foto oben) und die ähnliche Art Bienen-Zwerggarnele (2,5 cm; → Foto Seite 45) gleichen sich zum Verwechseln. Meist werden bunte Zuchtformen und Kreuzungen beider Arten gehandelt, etwa die Red Bee Garnelen. Sie brauchen kühle Wassertemperaturen. Die **White Pearl Zwerggarnele** (2,5 cm; Foto unten) ist wesentlich anpassungsfähiger. Alle Zwerggarnelen – wenn überhaupt – nur mit sehr zarten Fischen vergesellschaften.

Der CPO, auch Oranger Zwergflusskrebs (4 cm) genannt, ist eine Variante eines eher unscheinbaren Zwergflusskrebses aus Mexiko.

Die Crystal Red Zwerggarnele (2,5 cm) ist eine von vielen Zwerggarnelen-Zuchtformen. Daneben gibt es blaue, schwarze und gescheckte Varianten, die zum Teil sehr teuer sind.

Zwergflusskrebse, so auch der Gescheckte Alabama-Zwergflusskrebs (3 cm), wirken genauso wehrhaft wie ihre größeren Verwandten, sind jedoch pflegeleichter. Sie graben nicht, beschädigen keine Pflanzen und belästigen nachts keine schlafenden Fische.

Die Amanogarnele ist besonders bei Wasserpflanzen-Aquarianern sehr beliebt, weil sie Fadenalgen, die sich häufig nach der ersten Einrichtung bei starker Beleuchtung bilden, effektiv zu Leibe rückt. Man pflegt diese etwas größere Garnelenart in einer kleinen Gruppe und sollte für pflanzenreiche Trockenfutter-Nahrung sorgen, wenn keine Fadenalgen zur Verfügung stehen.

Auf Entdeckertour: Rund um die Lebensweise

Revierstrukturen bilden

Viele Fische verteidigen auch im Aquarium mehr oder weniger große Reviere. Sie dienen oft der Fortpflanzung, zum Beispiel als Balzplatz oder als Aufzuchtort für die Nachkommen. Oft sind sie durch – auch für den Menschen erkennbare – Reviergrenzen markiert. Damit auch unter den kleinräumigen Bedingungen im Aquarium kleine Reviere eingerichtet werden können, strukturieren Sie das Becken am besten so, dass Dekogegenstände oder offene Flächen Sichtgrenzen bilden.

Verstecke schaffen

Viele bodenbewohnenden Fische brauchen Verstecke, entweder als Schutz und Rückzugsort oder wie bei dem abgebildeten Pärchen des Genetzten Prachtbuntbarsches als Eiablageplatz, als Zentrum des Brutreviers und als »Kinderbett« für die Larven und Jungfische. Die meisten Fische bevorzugen enge Höhlen, in die sie gerade so hineinpassen, wahrscheinlich, weil sich darin keine ungewollten Untermieter und Jungfischräuber einnisten können. Selbst getöpferte Tonröhren mit einem geschlossenen Ende sind als Verstecke geradezu ideal.

Gruppen geben Schutz

Viele Fische tun sich zu Gruppen oder Schwärmen zusammen, weil drei oder mehr Augenpaare mehr sehen als nur ein einzelnes. Auch ist es für viele Räuber schwer, sich auf einen einzelnen Beutefisch im Gewusel einer ganzen Gruppe zu konzentrieren. Diese drei Metallpanzerwelse genießen den Schutz der Gruppe.

Eltern-TIPP

Nicht erschrecken
Schwarmfische des offenen Wassers bleiben blass und extrem scheu, wenn sie sich nicht sicher fühlen. In der Natur werden diese Arten oft durch Fressfeinde von oben bedroht, etwa Wasservögel. Auch Kinderhände, die von oben ins Aquarium tauchen, erschrecken die Fische, wie hier Espes Keilfleckbärbling. Sparen Sie nicht an Schwimmpflanzen oder ähnlicher Deckung. Erklären Sie Ihren Kindern die Angst der Fische.

Wer ist der Stärkere?

Dominante Individuen haben meist besseren Zugang zu ökologischen Ressourcen, beispielsweise zu den besten Futterplätzen. Um herauszufinden, wer der Stärkere ist, messen viele Tiere ihre Kräfte durch Imponierverhalten voreinander. Mit gespreizten Flossen, die den Körperumriss besonders groß erscheinen lassen, vergleichen diese beiden Diamant-Regenbogenfisch-Männchen ihre Kräfte.

117

BUNTES
GESELLSCHAFTS-
LEBEN

Sie wünschen sich eine bunte, muntere Aquariengesellschaft,
die ein friedliches Miteinander pflegt? Kein Problem, wenn die
Kandidaten zueinanderpassen. Im folgenden Kapitel finden Sie
praxiserprobte Beispiele funktionierender Tiergemeinschaften.
So macht Vergesellschaftung Spaß ...

Eine Gesellschaft, die sich gut versteht

Alle Aquarianer möchten gern eine funktionierende und harmonische Artengesellschaft pflegen. Doch bei der riesigen Auswahl an Aquarientieren im Zoofachhandel ist das keine leichte Aufgabe.

Viele Vergesellschaftungskombinationen funktionieren nicht, weil die einzelnen Arten verschiedene Ansprüche haben – sei es an die Wasserqualität oder die Nahrung. Auch unterschiedliche Temperamente der Aquarienbewohner passen manchmal nicht zusammen. Im Quickstart auf Seite 11 finden Sie die wichtigsten allgemeinen Vergesellschaftungsregeln.

KOMBINATIONEN, DIE PASSEN

Auf den folgenden Seiten habe ich konkrete Vorschläge für die Einrichtung, den

TIPP

Artenvielfalt
Natürlich gibt es noch viel mehr als die hier vorgestellen Arten, die sich für die nachfolgend beschriebenen Einsteigerbecken eignen. Informieren Sie sich über deren Pflegebedingungen und passen Sie die Besatzvorschläge entsprechend an.

Besatz und die Pflege sicher funktionierender Vergesellschaftungskombinationen für Sie zusammengestellt. Die Pflanzenporträts finden Sie auf Seite 50 bis 53, die Tierporträts auf Seite 100 bis 115.

Gleiche Ansprüche: Die sechs Beckenvorschläge orientieren sich an den gleichen Ansprüchen der jeweiligen Tier- und Pflanzenarten in Bezug auf Wasserqualität und Lebensraum. Dadurch ist schon einmal sichergestellt, dass elementare Grundbedürfnissse der Artengemeinschaft zusammenpassen. Die Auswahl hat jedoch nichts mit natürlich vorkommenden Artengemeinschaften zu tun. Die über 70 beliebtesten Aquarienfischarten, Garnelen, Krebse und Schnecken, die in diesem Ratgeber vorgestellt werden, kommen aus zu vielen verschiedenen Lebensräumen und geografischen Regionen.

Sofern möglich, werden für jeden Vorschlag zwei oder drei verschiedene Kombinationsmöglichkeiten angegeben – für 30-Liter-, 50-Liter- und 100-Liter-Aquarien. Die Besatz-Vorschläge für die 30-Liter-Aquarien sind allerdings in erster Linie Garnelen, Zwergflusskrebsen und Schnecken vorbehalten.

Fünfgürtelbarben und Ohrgitterharnischwelse kommen in der Natur nicht zusammen vor, dennoch bilden sie eine gut funktionierende Aquariengesellschaft.

ZWERGKRALLENFRÖSCHE

Sie sind witzige Aquarientiere, die besonders Kinder begeistern (→ Seite 113). In der Natur leben Zwergkrallenfrösche (*Hymenochirus boettgeri*) im Flachwasser kleiner Urwaldgewässer Afrikas. Die anspruchslosen und friedlichen Tiere können bis zu zehnt in einem 50-Liter-Becken mit Kiesboden, einigen getrockneten Rotbuchenblättern, ein paar kleinen Wurzeln bei schummriger Beleuchtung und 24 bis 27 °C Wassertemperatur gepflegt werden. Als Bepflanzung eignen sich schattentolerante Pflanzen wie Härtels Wasserkelch, Javafarn und Javamoos. Man kann sie mit kleinen, friedlichen Fischarten vergesellschaften wie Guppys und Ohrgitterharnischwelsen. **Wichtig!** Aquarium dicht abdecken, weil Zwergkrallenfrösche hervorragend klettern können.

Energiesparbecken im Trend

In einem unbeheizten Zimmeraquarium fühlen sich Lebewesen aus den Subtropen wohl, denn sie bevorzugen eher niedrige Temperaturen. Warum also nicht die Heizkosten mit einem »Energiesparbecken« senken?

Beckencharakter: Der Lebensraumtyp dieses Vorschlags entspricht einer pflanzenreichen Stillwasserzone am Rand eines Baches oder Tümpels in den – jahreszeitlich bedingten – kühlen Subtropen. Viele klassische Aquarientiere stammen aus den Südstaaten der USA, dem südlichen Südamerika oder aus Sümpfen und Bä-

Die Kardinalfische aus China sind wohl die bekanntesten »Zimmertemperatur-Fische«.

chen in China und Taiwan. Höhere Temperaturen als 18 bis 22 °C kommen in diesen Lebensräumen zwar im Sommer kurzfristig vor, sind aber auf Dauer nicht optimal, ebenso wenig wie Temperaturen von unter 16 °C. Für die Pflege dieser Arten sollte man daher auf eine Heizung verzichten. Ein Vorteil eines solchen Energiesparbeckens ist, dass man über das Jahr gesehen Energie sparen und dennoch eine große Vielfalt an Arten pflegen kann.

Einrichtung: Der Besatzvorschlag für das kleine Aquarium in nebenstehender Tabelle ist darauf ausgerichtet, vor allem subtropische Zwerggarnelen oder Zwergflusskrebse darin zu halten. Diese brauchen etwas Buchenlaub und kleine Versteckplätze auf dem Bodengrund und dürfen nur zusammen mit sehr kleinen friedlichen Fischchen, die sich gern in Schwimmpflanzendickichte zurückziehen, gehalten werden. Das mittlere und große Becken beherbergt auch Flossensauger oder kleine Grundeln. Für diese sollten Sie den Ausströmer des Filters so ausrichten, dass etwas Strömung über runde Kieselsteine erzeugt wird, die aber nicht das ganze Becken erfasst. Auf diese Weise

ENERGIESPARBECKEN

Drei Energiesparbecken-Besatzvorschläge. Linke Spalte: deutsche Namen (lateinische Namen im Register), rechte Spalte: Individuenzahl (M=Männchen, W=Weibchen).

	30 LITER	50 LITER	100 LITER
TIERE			
Zwergkärpfling	4M/6W	-	-
Kleiner Brauner Oto	6	10	15
Kardinalfisch	-	25	-
Chinesischer Flossensauger	-	6	-
Weißkehlgrundel	-	-	5M/5W
Brokatbarbe	-	-	15
Marmorierter Panzerwels	-	-	6
Red Fire oder White Pearl Garnele oder Hummel- oder Bienengarnelen-Zuchtformen, z.B. Crystal Red	10	-	-
Oranger Zwergflusskrebs oder Gescheckter Alabama-Zwergflusskrebs	1M/1W	3M/3W	-
PFLANZEN			
Mooskugel	2	-	-
Gewöhnliches Hornkraut	5	10	10
Ludwigie	-	20	40
Kardinalslobelie	-	-	20
Kleines Zwergpfeilkraut	10	15	-
Brasilianischer Wassernabel	-	5	5
Gewöhnliche Wasserschraube	1 Busch	-	20

können auch stillere Bodenbereiche mit Buchenlaub und Ästchen und Pflanzen-dickichte am Rand bestehen. Für den Bodengrund wählen Sie am besten fein-körnigen, dunklen Kies.

Fütterung: Füttern Sie feinkörniges Gra-nulat mit einem hohen pflanzlichen Anteil, Cyclops und kleine Schwarze und Weiße Mückenlarven als Frostfutter; Futtertablet-ten gezielt an Flossensauger.

Pflege: Den Bodengrund – auch zwischen den Kieselsteinen – regelmäßig absaugen und mit einem Stöckchen auflockern, damit keine faulenden Bodenzonen entste-hen. Solche Zonen mögen weder Garnelen noch Flossensauger.

Tipp: Die Sommermonate in den Subtro-pen sind oft recht heiß, deshalb schadet es nicht, wenn in unserem Sommer die Aquarientemperaturen für ein bis zwei Monate über 22 °C steigen – ganz im Gegenteil: Manchmal stimuliert diese vorübergehende Temperaturerhöhung das Fortpflanzungsverhalten.

Ein Aquarium für Zwergbuntbarsche

Wer ein Becken gezielt für Zwergbuntbarsche einrichtet, kann deren überaus faszinierende Brutpflege beobachten – vom Ei bis zum rührenden Führen und Verteidigen der Jungfische durch die Elterntiere.

Beckencharakter: Weil Buntbarsche Reviere bilden, die sie besonders auch während der Paarbildung und Brutpflege aggressiv verteidigen, sind nicht alle Buntbarscharten gut in kleineren Aquarien zu vergesellschaften. Zwergbuntbarsche bleiben mit einer Körperlänge von unter 10 cm relativ klein und beanspruchen in

der Regel keine besonders großen Reviere. Deshalb können viele Zwergbuntbarscharten in kleineren Becken mit Fischen der mittleren und oberen Wasserzonen auch dann noch vergesellschaftet werden, wenn sie Brutpflege betreiben. In der Natur leben viele dieser tropischen Zwerge in flachen Randbereichen von Bächen, Seen und Flüssen, also dort, wo viele Blätter ins Wasser fallen. Die Laubschicht bietet Verstecke und dient kleinen Nährtieren als Nahrungsgrundlage. Oft sind auch dichte Wasserpflanzenbestände vorhanden, in die sich Jungfische zurückziehen können. Die Beckenvorschläge in diesem Lebensraumtyp sind darauf ausgerichtet, dass Sie alle interessanten Verhaltensweisen der Zwergbuntbarsche gut beobachten können. Die Variante 30-Liter-Becken entfällt hier, da als Lebensraum zu klein. Die Hauptfischart für das 50-Liter-Becken ist der Gelbe Zwergbuntbarsch. Er bewohnt pflanzendickichte südamerikanischer Gewässer. Im Besatzvorschlag für das 100-Liter-Becken wird ein afrikanischer Höhlenbrüter, der Purpurprachtbuntbarsch, mit einem Offenbrüter, dem Afrikanischen Schmetterlingsbuntbarsch, vergesellschaftet.

Wurzeln im Hintergrund und Bepflanzung. So mögen es die Zwergbuntbarsche.

ZWERGBUNTBARSCHBECKEN

Zwei Besatzvorschläge. Linke Spalte: deutsche Namen (lateinische Namen im Register), rechte Spalte: Individuenzahl (M=Männchen, W=Weibchen).

	50 LITER	100 LITER
TIERE		
Gelber Zwergbuntbarsch	1M/1W	-
Afrikanischer Schmetterlingsbuntbarsch	-	1M/1W
Purpurprachtbuntbarsch	-	1M/1W
Spritzsalmler	2M/3W	-
Schmucksalmler	12	-
Rotaugen-Moenkhausia	-	16
Kaisersalmler	-	3M/4W
Ohrgitterharnischwels	6	10
PFLANZEN		
Kardinalslobelie	10	20
Zwergspeerblatt	2	5
Javafarn	2	2
Blehers Schwertpflanze oder Schwertpflanzen-Kultivare	-	1
Brasilianischer Wassernabel	5	5
Ludwigie	10	10

Einrichtung: Als Bruthöhle und Revierzentrum für die Höhlenbrüter liegt eine Wurzel mit Höhle oder eine halbierte Kokosnussschale mit Loch im Vordergrund des linken oder rechten Aquariendrittels. So können Sie die Fische gut beobachten. Auch im restlichen Becken werden viele Verstecke benötigt, damit sich unterlegene Tiere – falls es einmal Streit gibt – zurückziehen können. Die Vergesellschaftungsfische nutzen während der Brutpflege ebenfalls diese Rückzugsbereiche. Im 100-Liter-Becken wird auf die andere Aquarienseite noch ein flacher Stein als Ablaichsubstrat für die Offenbrüter gelegt.

Damit sich die beiden Arten nicht zu sehr ins Gehege kommen, sollte das Becken mit visuellen Reviergrenzen strukturiert sein (→ Foto, Seite 116 oben).

Fütterung: Feinkörniges Granulat und Frostfutter (*Cyclops,* Wasserflöhe, Schwarze und Weiße Mückenlarven) als Grundfutter für alle. Grünfutter-Futtertabletten zusätzlich für die Ohrgitterharnischwelse. Von den Eltern geführte Jungfische gezielt mit Jungfisch-Trockenfutter und *Artemia*-Nauplien füttern (→ Seite 90).

Pflege: Für konstant gute Wasserqualität bei 24 bis 26 °C durch wöchentliche Teilwasserwechsel sorgen.

Ein Hartwasserbecken hat viel zu bieten

Bei vielen Aquarianern fließt nur Leitungswasser mit sehr hoher Wasserhärte aus dem Wasserhahn. Kein Problem – es gibt viele schöne Aquarientiere, die solch ein Wasser bevorzugen!

Beckencharakter: An hartes Leitungswasser angepasste Aquarientiere und -pflanzen stammen aus recht unterschiedlichen Lebensräumen in der Natur, zum Beispiel aus dem Tanganjika-See in Ostafrika, aus amerikanischen Kalkwassergebieten oder aus australischen Gewässern. Auch wenn sie in der Natur nicht zusammen in einem Lebensraum vorkommen, kann man viele Arten sehr gut vergesellschaften.

Einrichtung: Das 30-Liter-Becken ist auf die recht anspruchslosen Zwergflusskrebse zugeschnitten, die Kleinen Braunen Otos aus Paraguay dienen als Algenfresser und Restevertilger. Die Einrichtung besteht aus Moosen, kleinen Wurzeln und – ganz wichtig – aus braunem Buchen- oder Eichenlaub als Nahrungsgrundlage für die Krebse. Neben mittelhartem bis hartem Wasser mögen die Tiere eine Wassertemperatur von etwa 18 bis 22 °C, also Zimmertemperatur. Zwergflusskrebse sollten am besten nicht oder nur mit sehr kleinen Fischen vergesellschaftet werden. Ihre Nachzucht ist einfach, besonders wenn man »trächtige« Weibchen in einem Extrabecken separiert, bis sie ihre Jungen entlassen haben.

Im 50- bzw. 100-Liter-Becken werden Tanganjikasee-Buntbarsche mit attraktiven Freiwasserfischen und algenfressenden Schnecken vergesellschaftet. Das kleinere der beiden Becken ist auf Schneckenbuntbarsche ausgerichtet. Wichtigste Einrichtung: Im Vordergrund eine etwa 4 cm dicke Sandschicht zusammen mit einer

Ein Brevis-Schneckencichlide vor seinem Heim – einem leeren Schneckenhaus.

HARTWASSERBECKEN

Drei Hartwasserbecken-Besatzvorschläge. Linke Spalte: deutsche Namen (lateinische Namen im Register), rechte Spalte: Individuenzahl (M=Männchen, W=Weibchen).

	30 LITER	50 LITER	100 LITER
TIERE			
Gestreifter Schneckenbuntbarsch	-	6	-
Platy oder Guppy-Zuchtform	-	10	-
Gelber Schlankcichlide	-	-	2
Diamant-Regenbogenfisch	-	-	12
Black Molly	-	-	6
Kleiner Brauner Oto	6	-	-
Blauer Antennenwels	-	1	1M/1W
Orange oder Mini-Zwergflusskrebs	5	-	-
Zebra-Rennschnecke	-	8	-
Geweihschnecke	-	-	10
PFLANZEN			
Gewöhnliches Hornkraut	5	-	-
Kardinalslobelie	-	10	-
Kleines Zwergpfeilkraut	8	20	-
Gewöhnliche Wasserschraube	-	-	30
Härtels Wasserkelch	5	-	-
Bogor- oder Javamoos	1	-	-

Handvoll ausgekochter Weinbergschneckenhäuser. Sie werden von den Mini-Buntbarschen als Bruthöhlen genutzt. Pflanzen Sie im Hintergrund ein paar Stängelpflanzen ein, die gern von den Platys abgeweidet werden. Das größere Becken beherbergt ein paar Tanganijka-Schlankcichliden. Sie bewohnen einen kleinen Steinaufbau beispielsweise aus Schieferplatten. Dahinter wächst ein Vallisnerien-Dickicht. Achten Sie auf viel freien Schwimmraum. Die Temperatur der beiden größeren Becken: 26 bis 27 °C.

Fütterung: Zwergflusskrebse zusätzlich zum Laub mit speziellem Krebstier-Granulatfutter ernähren, das durch kleine (!) Grünfuttergaben ergänzt wird. Für alle anderen Arten, unter anderem für Platys und Mollys, ist eine abwechslungsreiche Ernährung inklusive Grünfutteranteil wichtig. Aufkommende Jungfische zusätzlich mit Jungfisch-Trockenfutter und *Artemia*-Nauplien versorgen.
Pflege: Täglich das übrig gebliebene Futter im Zwergflusskrebs-Becken entfernen; wöchentlicher Teilwasserwechsel.

Stillwasserbecken – eine Oase der Ruhe

Ein Aquarium ohne Strömung vermittelt den Eindruck, durch die Oberfläche eines verwunschenen Teichs zu schauen, in dem man still das ruhige Treiben der Aquarienbewohner beobachten kann. Entspannung pur!

Beckencharakter: Viele Aquarienfische stammen aus recht strömungsarmen Lebensräumen, zum Beispiel aus Sumpfgewässern mit Pflanzendickichten, aus Buchten und Überschwemmungsgebieten großer Flüsse oder aus kaum fließenden Waldbächen. Während sich im Pflanzendickicht scheue Fische zurückziehen,

schwimmen andere in den offenen Zwischenräumen munter umher oder gründeln im weichen Bodengrund. Wieder andere bauen ein Schaumnest für die Aufzucht der Brut an der Wasseroberfläche. An diesen Lebensraumtyp sind alle drei Beckenvorschläge angelehnt, die sich in ihrer Struktur wenig unterscheiden. Nur der Besatz ist den verschiedenen Beckengrößen angepasst.

Einrichtung: Der Bodengrund wird für gründelnde Arten wie Panzerwelse und Barben mit Sand und Feinkies ausgestattet. Verstecke bieten ein paar kleine Wurzeln, die auch Unterstände für Ruhephasen der Panzerwelse bieten. Nur im 100-Liter-Becken sind ein oder zwei Höhlen für die Stachelaale vorgesehen. Am wichtigsten ist die Bepflanzung. Alle Becken erhalten eine teilweise Abdeckung der Wasseroberfläche durch schwimmende Pflanzen, die besonders für scheue Schwarmfische Deckung bietet (→ Eltern-Tipp, Seite 117). Durch sie wird es teilweise schattig, was wiederum den langsam wachsenden Wasserkelchen (*Cryptocoryne*) guttut. Die Deko-Wurzeln werden zusätzlich mit Javafarn bepflanzt, der Beckenhintergrund im kleinen Becken

Hier ruht ein Schwarm Espes Keilfleckbärblinge im Schutz des Pflanzendickichts.

STILLWASSERBECKEN

Drei Stilwasserbecken-Besatzvorschläge. Linke Spalte: deutsche Namen (lateinische Namen im Register), rechte Spalte: Individuenzahl (M=Männchen, W=Weibchen).

	30 LITER	50 LITER	100 LITER
TIERE			
Knurrender Zwerggurami	1M/2W	-	-
Kampffisch	-	1M/2W	-
Zwergfadenfisch	-	-	1M/2W
Gepunktetes Blauauge	6	-	-
Filigran-Regenbogenfisch	-	8	-
Ohrgitterharnischwels	6	6	-
Metallpanzerwels	-	5	-
Bitterlingsbarbe	-	6	-
Indischer Zwergstachelaal	-	-	3
Streifenschmerle	-	-	5
Keilfleckbärbling	-	-	16
Blauer Antennenwels	-	-	1–2
Zebra-Apfelschnecke	-	-	6
PFLANZEN			
Härtels Wasserkelch	5	-	20
Becketts oder Wendts Wasserkelch	-	10	-
Ludwigie	-	10	30
Javafarn	-	4	6
Brasilianischer Wassernabel	5	10	10
Nixkraut	5	-	-
Gewöhnliches Hornkraut	-	-	10
Kleines Fettblatt	10	-	-

mit Stängelpflanzen. Im offenen Wasser tummeln sich Barben und Bärblinge, Blauaugen oder Filigran-Regenbogenfische. Versteckt zwischen den Wasserpflanzen leben schaumnestbauende Fadenfische oder Zwergguramis, und am Bodengrund mümmeln Panzerwelse oder Schmerlen. Besonders witzig ist eine Horde neugierige Stachelaale für das größere Becken (→ Eltern-Tipp, Seite 135).

Fütterung: Problemlos mit allen kleinen Futtersorten. Auf Abwechslung achten!

Pflege: Regelmäßiger Teilwasserwechsel. Pflanzen regelmäßig auslichten und teilweise Bodengrundflächen mit einem Stöckchen auflockern und freihalten.

Bachbecken mit leichter Strömung

Klares Wasser, das über Steine sprudelt und sich einen gewundenen Weg durch Wald und Wiesen bahnt – eine Idylle. Mit einem Bachbecken können Sie solch ein Bild auch in einem kleinen Aquarium verwirklichen.

Beckencharakter: Dieser Aquarientyp ist für Fische und Garnelen gedacht, die in Bächen mit Strömung leben können. Dies bedeutet für die Praxis aber nicht, dass alle Ecken des Aquariums komplett durchströmt sein müssen, denn auch in schnell fließenden Bächen gibt es viele Bereiche mit weniger bis fast gar keiner Strömung.

Für die Einrichtung von Bachbecken sind Steine und freier Schwimmraum wichtig.

In kleinen sandigen Ausbuchtungen auch steiniger Bäche sammeln sich weicher Sand und Laub. Im Strömungsschatten von Baumwurzeln oder Steinen fließt das Wasser trotz der benachbarten Strömung kaum, sodass sich auch an Strömung angepasste Tiere eher dort aufhalten, um Bewegungsenergie zu sparen.

Einrichtung: Das 30-Liter-Aquarium ist für Garnelen vorgesehen. Hier herrscht nur eine leichte Strömung. Auf feinkiesigem Grund werden einige runde Bachkiesel so platziert, dass im hinteren Bereich Härtels Wasserkelche gepflanzt werden können. Im mittleren und teilweise vorderen Bereich kleine Wurzeln einbringen, auf die Javafarn und Moose aufgebunden sind. Sie sorgen für Struktur und sind die Grundlage für das Abweiden von Futterpartikeln der beiden Garnelenarten. In den beiden größeren Becken installieren Sie Wasserzu- und -ablauf eines Außenfilters oder alternativ eine kleine Strömungspumpe so, dass eine leichte (!) Strömung entlang der Frontscheibe verläuft. Hier können sich die Freiwasserfische vor Ihren Augen in der Strömung ausrichten – ein wunderschöner Anblick!

BACHBECKEN

Drei Bachbecken-Besatzvorschläge. Linke Spalte: deutsche Namen (lateinische Namen im Register), rechte Spalte: Individuenzahl.

	30 LITER	50 LITER	100 LITER
TIERE			
Prachtflossensauger	-	6	-
Panda-Saugschmerle	-	-	5
Gebirgsharnischwels	-	-	6
Gabelschwanz-Blauauge	-	12	-
Zebrabärbling	-	-	30
Eilandbarbe	-	6	15
Panda-Panzerwels	-	4	-
Ohrgitterharnischwels	6	6	6
Grüne Zwerggarnele	10	-	-
Amano-Garnele	10	-	-
PFLANZEN			
Gewöhnliche Wasserschraube	-	25	50
Härtels Wasserkelch	5	-	-
Becketts Wasserkelch	-	10	-
Wendts Wasserkelch	-	-	15
Bogor- oder Javamoos	1	-	-
Zwergspeerblatt	-	3	5
Javafarn	2	2	2

Auf starke Strömung sollte man verzichten, denn sie macht die Fütterung schwieriger. Die Einrichtung besteht aus Sand, runden oder eckigen Steinen und vergleichsweise wenigen Pflanzen, die entweder aufgebunden werden oder sich in ruhigeren Ecken mit länglichen Blättern etwas in die Strömung legen. Die Artenzusammensetzung besteht für beide Becken aus jeweils einer skurillen Art, die durch ihre Körper- und Flossenform extrem an Strömung angepasst ist: Flossensauger, Saugwelse und Saugbarben. Dazu passen schöne, flinke Fische wie Blauaugen, Barben, Bärblinge und Panzerwelse sowie Garnelen als Algenfresser.

Fütterung: Verwenden Sie für die Bodenfische am besten sinkende Futtersorten wie Spirulina-Futtertabletten und Granulat, für die Freiwasserfische lange in der Schwebe bleibendes Gefrierfutter wie Cyclops und Weiße Mückenlarven.

Pflege: Regelmäßiger Teilwasserwechsel bei einer Temperatur von 23 bis 25 °C.

Warm- und Weichwasserbecken

Einige der absolut schönsten Aquarienfische stammen aus Regionen mit besonders weichem und oft auch warmem Wasser. Auch solche Juwelen sind pflegeleicht, wenn man ihnen weiches Wasser bietet.

Beckencharakter: Einige Weichwasserfische entfalten ihre volle Pracht nur dann, wenn sie auf Dauer in weichem bis höchstens mittelhartem Wasser und bei Wassertemperaturen ab 26 °C gehalten werden. Die meisten dieser Fischarten leben entweder im sonnigen Klarwasser mit Pflanzenwuchs und einer Falllaubschicht oder

Rote Neons fühlen sich zwischen Laub im Aquarium fast wie zu Hause in Amazonien.

in sogenannten Schwarzwasserbächen und Sümpfen. Letztere sind meist recht warm, weil ihr colafarbenes Wasser die Sonnenwärme gut aufnimmt. Ihr Wasser ist eher sauer (→ Säuregrad, Seite 45). Für diese Arten, die trotz ihrer Ansprüche zu den begehrtesten Aquarienfischen gehören, weil sie wunderschön sind, ist der Typ Weichwasserbecken gedacht. Viele andere Arten, die in diesem Ratgeber vorkommen, können ebenfalls gut in weichem, leicht saurem Wasser und mit einer etwas höheren Wassertemperatur leben. Deshalb lassen sich viele Arten, etwa aus dem Stillwasserbeckentyp, mit Weichwasserfischen vergesellschaften (→ Seite 128).

Einrichtung: Alle Beckenvorschläge sind in etwa ähnlich aufgebaut. Regenwasser oder voll entsalztes Wasser aus der Umkehrosmoseanlage (→ »Zusatzwissen«, Seite 44) wird mit etwa 10 bis 20 % Leitungswasser vermischt und so zu aquarientauglichem Wasser. Die Wassertemperatur beträgt mindestens 26 °C, besser 27 bis 28 °C. Der Bodengrund besteht aus hellem Quarzsand, der von trockenen Blättern teilweise bedeckt wird (→ Seite 64 und 65). Einige Wurzeln sollten Sie mit Aufsitzer-

WARM- UND WEICHWASSERBECKEN

Drei Weichwasserbecken-Besatzvorschläge. Linke Spalte: deutsche Namen (lateinische Namen im Register), rechte Spalte: Individuenzahl (M=Männchen, W=Weibchen).

	30 LITER	50 LITER	100 LITER
TIERE			
Zwergziersalmler	2M/3W	-	-
Schmetterlingsbuntbarsch	1M/1W	-	1M/1W
Gabelschwanz-Schachbrettcichlide	-	-	1M/3W
Roter Neon	8	-	25
Schwarzer Phantomsalmler	-	-	6
Wasserstiglitz	-	-	6
Fünfgürtelbarbe	-	8	-
Grüner Zwergbärbling	-	15	-
Ohrgitterharnischwels	4	6	8
Schokoladenbrauner Hexenwels	-	1M/1W	1M/2W
PFLANZEN			
Brasilianischer Wassernabel	3	6	9
Blehers Schwertpflanze oder kleine Schwertpflanzen-Kultivare	-	-	1
Ludwigie	6	20	-
Kardinalslobelie	-	-	15
Javafarn	-	3	3
Zwergspeerblatt	-	3	3
Bogor- oder Javamoos	1 Busch	-	-

pflanzen dekorieren und im Hintergrund Stängelpflanzen setzen. Brasilianischer Wassernabel zieht sich durch das gesamte Becken und bildet an einigen Stellen Schutz spendende Schwimmblätter aus. Die Artengemeinschaft setzt sich in den größeren Becken aus filigran wirkenden Zwergbuntbarschen zusammen, die ideal mit schimmernden Neonfischen oder anderen Salmlern, alternativ auch mit Barben und Bärblingen, harmonieren. Welse runden schließlich das Bild ab.

Fütterung: Abwechslungsreiche Fütterung mit verschiedenen kleinen Futtersorten. Falls die Zwergbuntbarsche sich fortpflanzen und Jungfische führen, sollten sie mit Jungfischfutter (Trockenfutter, *Artemia*-Nauplien) zusätzlich gefüttert werden.
Pflege: Sie ist einfacher, als vielleicht gedacht. Wichtig ist der regelmäßige Teilwasserwechsel mit weichem Wasser. Eine pflanzlich basierte Wasserpflege muss stets für keimarmes und etwas saures Wasser sorgen (→ Seite 64 und 65).

Auf Entdeckertour: Sozialverhalten

Schwarmverhalten

Fischarten als Gruppenfische, Schwarmfische oder als Einzelgänger zu bezeichnen, ist etwas willkürlich, denn meist hängt es von den Lebensumständen ab, welches Sozialverhalten sich gerade ausprägt. Zwergziersalmler haben vielleicht gerade einen kleinen Schwarm gebildet, weil sie gemeinsam im Schutz des Schwarms auf Futtersuche gehen. Eine Stunde später kann es möglich sein, dass manche Männchen als Einzelgänger kleine Balzreviere verteidigen, wie im Foto zu sehen.

Aggression bringt Klärung

Aggressives Verhalten ist auch ein Teil des Sozialverhaltens. Es hilft die Verhältnisse in der sozialen Gruppe so weit zu klären, dass sie nicht permanent neu ausbalanciert werden müssen und es dabei dauernd zu verletzenden Streitereien kommt. Die abgebildeten Blauaugen-Männchen klären ihre Beziehung gerade durch Imponiergehabe mit gespreizten Flossen voreinander. Der Gewinner der kräftezehrenden Auseinandersetzung wird beim nächsten Streit wahrscheinlich nur einmal kurz die Flossen heben müssen, um die Stellung in der Gruppe klarzumachen, und der Verlierer weiß Bescheid …

Eingewöhnung braucht Zeit

Frisch in das Aquarium eingesetzte Fische sind meist sehr scheu und schwimmen aufgeregt im Schwarm hin und her. Das ist ganz natürlich, denn anfänglich sind sie ohne Orientierung, weil sie ihre neue Umgebung noch nicht kennen. Um sich einzugewöhnen, hilft nur eines: den Fischen Zeit geben und sie nicht stören.

Eltern-TIPP

Kluge Fische

Stachelaale gehören zu den lernfähigsten Aquarienfischen. Man kann sie leicht dressieren und zutraulich machen, wenn man die Futtergabe mit einem leisen Klopfzeichen verbindet. Schon nach kurzer Zeit nehmen die niedlichen Tiere Futter direkt vom Löffel oder sogar aus der Kinderhand. Wichtig ist, das Aquarium immer dicht zu schließen, denn die neugierigen Stachelaale schlüpfen durch den kleinsten Spalt.

Aggression beenden

Kampffische imponieren nicht nur vor männlichen Konkurrenten, sondern sie bekämpfen sich bis zum Tod. Zu solch heftigen »Beschädigungskämpfen« kommt es jedoch nur, wenn der Unterlegene sich nicht zurückziehen kann. Verfolgt ein dominantes Tier ein unterlegenes in jede Aquarienecke, müssen Sie einen von beiden herausfangen. Das gilt für alle aggressiven Fische, nicht nur für Kampffische.

Register

Adressen und Literatur

Verbände/ Vereine

Verband Deutscher Vereine für Aquarien- und Terrarienkunde e. V. (VDA), Manfred Rank, Steinbühlleite 12, 95234 Sparneck, www.vda-aktuell.de

Der VDA gibt Auskunft über aktuelle Adressen von Aquarienverbänden in Ihrem Wohnbereich und hilft auch weiter bei Problemen.

Bundesverband für fachgerechten Natur-, Tier- und Artenschutz e. V. (BNA), Ostendstr. 4, 76707 Hambrücken, www.bna-ev.de

Österreichischer Verband für Vivaristik und Ökologie (ÖVVÖ), Andreas Schramm, Anton-Krieger-Gasse 80/A7, A-1230 Wien, www.oevvoe.org

Deutscher Tierschutzbund e. V., In der Raste 10, 53129 Bonn, www.tierschutzbund.de

Österreichischer Tierschutzverein, Berlagasse 36, A-1210 Wien, www.tierschutzverein.at

Schweizer Tierschutz (STS), Dornacherstr. 101, CH-4018 Basel, www.tierschutz.com

Arbeitskreis Wirbellose in Binnengewässern im VDA, Kai A. Quante, Papenkamp 18, 38114 Braunschweig, www.wirbellose.de

Arbeitskreis Wasserpflanzen im VDA, www.arbeitskreiswasserpflanzen.de

Internationale Gesellschaft für Regenbogenfische e. V. (IRG), Dompfaffweg 53, 42659 Solingen, www.irg-online.de

Deutsche Killifisch Gemeinschaft e. V., Dr. Thomas Litz, Friedhofstr. 8, 88448 Attenweiler, www.killi.org

Internationale Gemeinschaft für Labyrinthfische e. V. (IGL), www.igl-home.de

Deutsche Gesellschaft für Lebendgebärende Zahnkarpfen e. V. (DGLZ), Dompfaffweg 53, 42659 Solingen, www.dglz.de

Deutsche Cichliden-Gesellschaft e. V. (DCG), Siedlerweg 17A, 32832 Augustdorf, www.dcg-online.de

Fragen zur Aquaristik beantworten Ihr Zoofachhändler und der Zentralverband Zoologischer Fachbetriebe Deutschlands e. V. (ZZF), www.zzf.de; Online-Portal des ZZF: www.my-pet.org, Tel. 0611/44755332 (Mo 12–16 Uhr, Do 8–12 Uhr)

Untersuchungsstellen

Universität Gießen, Klinik für Vögel, Reptilien, Amphibien und Fische, Frankfurter Str. 87, 35392 Gießen, www.vetmed.uni-giessen.de

Klinik für Vögel, Reptilien, Amphibien und Zierfische, Sonnenstr. 18, 85764 Oberschleißheim, www.vogelklinik.vetmed. uni-muenchen.de

Aquaristik im Internet

www.my-fish.org Interaktives Internetportal mit vielfältigem Angebot rund um das Thema Aquaristik, mit Sonderbereichen für Kinder
www.wirbellose.de Wichtige Infos zu Garnelen & Co.
www.bfn.de Bundesamt für Naturschutz; aktueller Stand der Artenschutzgesetze
www.fishbase.de Infos über alle Fische der Welt
www.weichwasserfische.de Sehr gute Fischseite mit vielen interessanten Links
www.aquarienbastelei.de Gute Ideen und Bezugsquelle für Zierfischzüchterzubehör
www.tuempeln.de Futterzuchten und Futterfang in Tümpeln
www.deters-ing.de Vielfältige und sehr informative Aquaristikseite, besonders zur Wasserchemie

Bücher

Geck, Jakob/Schliewen, Ulrich: **Nano-Aquarien.** Gräfe und Unzer Verlag, München

Kasselmann, Christel: **Aquarienpflanzen.** Ulmer Verlag, Stuttgart

Knott, Oliver/Lukhaup, Chris: **Aquascaping.** Gräfe und Unzer Verlag, München

Koslowski, Ingo: **Aquarien – Spaß für Kinder.** Gräfe und Unzer Verlag, München

Krause, Hanns-Jürgen: **Handbuch Aquarienwasser.** Bede Verlag, Ruhmannsfelden

Krause, Hanns-J.: **Handbuch Aquarientechnik.** Ulmer Verlag, Stuttgart

Lukhaup, Chris/Pekny, Reinhard: **Süßwasser-Garnelen.** Gräfe und Unzer Verlag, München

Lukhaup, Chris/Pekny, Reinhard: **Süßwasserkrebse aus aller Welt.** Dähne Verlag, Ettlingen

Lukhaup, Chris/Pekny, Reinhard: **Wirbellose – Garnelen, Krebse, Krabben und Schnecken im Süßwasseraquarium.** Dähne Verlag, Ettlingen

Schäfer, Frank: **Zwergkrallenfrösche und ihre Verwandten.** Aqualog, Rodgau

Schliewen, Ulrich: **Aquarienfische von A bis Z.** Gräfe und Unzer Verlag, München

Schliewen, Ulrich: **Kleine Aquarien.** Gräfe und Unzer Verlag, München

Schliewen, Ulrich: **Das große GU Praxishandbuch Aquarium.** Gräfe und Unzer Verlag, München

Zeitschriften

DATZ. Natur und Tier-Verlag, Münster, www.datz.de

Aquaristik-Fachmagazin. Tetra Verlag, Berlin-Velten, www.tetra-verlag.de

AMAZONAS. Natur und Tier-Verlag, Münster, www. amazonas-magazin.de

KORALLE. Natur und Tier-Verlag, Münster, www.koralle-magazin.de

Caridina. Dähne Verlag, Ettlingen, www.daehne.de

Dank

Autor und Verlag danken dem Aquariana-Onlineshop (www. aquariana-onlineshop.de) für die Unterstützung bei den Fotoarbeiten durch Bereitstellung natürlicher Wasserpflege-Produkte.

Wichtige Hinweise

Die in diesem Buch beschriebenen elektrischen Geräte für die Aquarienpflege müssen das gültige TÜV-Zeichen tragen. Beachten Sie unbedingt die Gefahren im Umgang mit elektrischen Geräten und Leitungen, besonders in Verbindung mit Wasser. Die Anschaffung eines Fehlstrom-Schutzschalters ist empfehlenswert, ebenso eine Versicherung gegen Wasserschäden, z. B. durch Glasbruch, Überlaufen oder Leckwerden des Beckens. Medikamente sind vor Kindern sicher aufzubewahren. Ätzende Chemikalien dürfen nicht mit Augen, Haut oder Schleimhäuten in Berührung kommen. Bei ansteckenden Fischkrankheiten (z. B. Fischtuberkulose) infizierte Fische nicht mit bloßen Händen anfassen oder ins Becken greifen. Bei Verletzungen sollten Sie sofort einen Arzt aufsuchen.

Die werden Sie auch lieben.

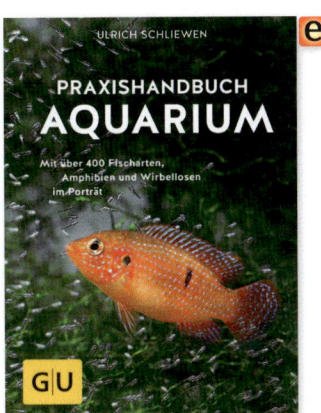

Impressum

Bildnachweis:

AquaTerra/Astrid Falk: 75, 135-3; **biconeo/Oleg Foht:** 13-1, 40-1, 40-2, 41-1, 41-2, 41-3, 62-2, 116-2; **Corbis:** 93-3; **Waldemar Fischer:** 94–95, 102-1, 102-3, 126; **Oliver Giel:** Cover, 6–7, 10-1, 11-1, 13-2, 14-1, 14-2, 16, 18-1, 19-3, 20–21, 33-1, 33-3, 46–47, 56-1, 56-2, 57-1, 57-2, 57-3, 58–59, 60, 64–65, 69-2, 70–71, 72-3, 73-3, 77, 118–119, 121, U3–U4, U3-3, U4-1, U5-1, U5-2, U5-3, U6-1; **Andreas Hartl:** 92-2, 100-3, 103-2, 104-2, 104-4, 106-3, 107-3, 109-3, 117-2; **Hippo-campus/Frank Teigler:** 9, 12, 18-2, 24, 27, 32-2, 33-2, 55-2, 61, 69-1, 89-1, 103-4, 107-2, 109-2, 110-3, 110-4, 112-1, 135-2, U5-4, U8; **JBL:** 19-1; **Burkard Kahl:** 15; **Christel Kasselmann:** 49, 50-4, 51-3, 52-2, 53-1, 53-3; **Oliver Knott:** 36, 37; **Hans-Georg Kramer:** 4-2; **Horst Linke:** 102-4; **Oliver Lucanus:** 23, 26, 30, 50-1, 51-1, 52-1, 52-4, 53-2, 81-1, 101-2, 103-1, 108-2, 109-1, 111-1, 124, 130, 132, U3-2; **Chris Lukhaup:** 2-1, 2-2, 3-1, 3-2, 4-1, 8, 10-2, 11-2, 11-3, 17, 19-2, 34–35, 43, 45-2, 51-2, 51-4, 52-3, 53-4, 55-1, 62-1, 67, 72-2, 73-1, 82–83, 93-1, 97, 100-1, 105-1, 105-4, 107-4, 110-2, 112-2, 112-3, 112-4, 113-2, 113-3, 114-1, 114-2, 114-3, 114-4, 115-1, 115-2, 115-4, 117-3, 122, 128, 135-1, U5-5, U6-2, U6-3, U6-4; **Michael Nadal:** 108-4; **privat:** U7; **Frank Schäfer:** 45-1, 81-3, 86, 101-4, 106-1, 106-2, 107-1, 108-1, 108-3, 110-1, 113-4, 117-1; **Heinz Schmidbauer:** 73-2; **Ingo Seidel:** 29-2, 32-3, 92-3, 100-2, 100-4, 101-1, 101-3, 102-2, 104-1, 104-3, 105-3, 106-4, 109-4, 111-2, 111-3, 111-4, 113-1, 115-3, 134-2; **Andreas Spreinat:** 103-3; **Uwe Werner:** 79, 81-2, 85, 89-2, 91, 93-2, 105-2, 116-3, 134-3, U3-1, U4-2; **Andrzej Zabawski:** 29-1, 50-2, 50-3.

Zeichnungen: Mat Kovacic: 32-1, 72-1, 92-1, 116-1, 134-1.

Projektleitung: Anita Zellner
Lektorat: Gabriele Linke-Grün
Bildredaktion: Adriane Andreas, Petra Ender (Cover)
Umschlaggestaltung und Layout: independent Medien-Design, Horst Moser, München
Herstellung: Martina Koralewska
Satz: Ludger Vorfeld
Repro: Longo AG, Bozen
Druck und Bindung: F+W Druck- und Mediencenter, Kienberg

Printed in Germany

ISBN 978-3-8338-4851-3

3. Auflage 2020

Syndication:
www.seasons.agency

Umwelthinweis:
Dieses Buch ist auf PEFC-zertifiziertem Papier aus nachhaltiger Waldwirtschaft gedruckt.

Die **GU-Homepage** finden Sie im Internet unter **www.gu.de**

Liebe Leserin, lieber Leser,

haben wir Ihre Erwartungen erfüllt? Sind Sie mit diesem Buch zufrieden? Haben Sie weitere Fragen zu diesem Thema? Wir freuen uns auf Ihre Rückmeldung, auf Lob, Kritik und Anregungen, damit wir für Sie immer besser werden können.

GRÄFE UND UNZER Verlag
Leserservice
Postfach 86 03 13
81630 München
E-Mail:
leserservice@graefe-und-unzer.de

Telefon: 00800 / 72 37 33 33*
Telefax: 00800 / 50 12 05 44*
Mo–Do: 9.00 – 17.00 Uhr
Fr: 9.00 – 16.00 Uhr
(gebührenfrei in D, A, CH)*

Ihr GRÄFE UND UNZER Verlag
Der erste Ratgeberverlag – seit 1722.

 www.facebook.com/gu.verlag

GRÄFE UND UNZER

Ein Unternehmen der
GANSKE VERLAGSGRUPPE